# PERSUADING WITH DATA
## A Guide to Designing, Delivering, and Defending Your Data

# 用数据说服
## 如何设计、呈现和捍卫你的数据

[美] 米罗·卡扎科夫 著
Miro Kazakoff

姜昊骞 译

金城出版社
GOLD WALL PRESS
·北京·

Persuading with Data: A Guide to Designing, Delivering, and Defending Your Data by Miro Kazakoff

Copyright ©2022 by Massachusetts Institute of Technology

All rights reserved. No part of this book may be reproduced in any form by any electronic or mechanical means (including photocopying, recording, or information storage and retrieval) without permission in writing from the publisher.

## 图书在版编目（CIP）数据

用数据说服 ：如何设计、呈现和捍卫你的数据 / （美）米罗·卡扎科夫著 ；姜昊骞译. -- 北京 ：金城出版社有限公司，2025.7. -- ISBN 978-7-5155-2774-1

I. TP301.2

中国国家版本馆 CIP 数据核字第 2025R2P170 号

## 用数据说服：如何设计、呈现和捍卫你的数据

| 作　　者 | ［美］米罗·卡扎科夫 |
|---|---|
| 译　　者 | 姜昊骞 |
| 责任编辑 | 张超峰 |
| 责任校对 | 王秋月 |
| 特约编辑 | 刘倩影　何梦姣 |
| 特约策划 | 领学东方 |
| 责任印制 | 李仕杰 |
| 开　　本 | 880 毫米 ×1230 毫米　1/32 |
| 印　　张 | 10.25 |
| 印　　刷 | 天津鸿景印刷有限公司 |
| 字　　数 | 220 千字 |
| 版　　次 | 2025 年 7 月第 1 版 |
| 印　　次 | 2025 年 7 月第 1 次印刷 |
| 书　　号 | ISBN 978-7-5155-2774-1 |
| 定　　价 | 78.00 元 |

出版发行　**金城出版社有限公司**　北京市朝阳区利泽东二路 3 号
　　　　　　邮编：100102
发 行 部　（010）84254364
编 辑 部　（010）61842989
总 编 室　（010）64228516
网　　址　http://www.baomi.org.cn
电子邮箱　jinchengchuban@163.com
法律顾问　北京植德律师事务所　18911105819

献 给

**JJ**和安德鲁
我的亲生兄弟
我认定的家人

获取更多信息与资源,请访问:

www.persuadingwithdata.com

# CONTENTS 目 录

引 言                                                  01
    本书面向人群                              01
    本书特色                                     02
    本书结构                                     04

## 第一部分

# 理解感知：数据图为何有用，如何发挥作用

第一章　了解自己的思想：从而改变他人的思想     003
    理解数据沟通的三大挑战               005
    调至"向他人讲解数据"的思维模式        014
    本章关键概念                              017

第二章　了解数据图的原理：深入大脑            019
    我们如何解码数据图                    021
    数据图如何编码数据                    030

— 1 —

| | |
|---|---|
| 本章关键概念 | 045 |
| 习题：拆解数据图 | 047 |

## 第二部分

# 数据设计：如何设计出高效的数据图和幻灯片

| | |
|---|---|
| **第三章　选择数据图类型：针对你的数据** | 053 |
| 根据数据关系选择数据图类型 | 055 |
| 运用分类体系扩展数据图类型库 | 089 |
| 本章关键概念 | 090 |
| 习题：关系分类 | 091 |
| | |
| **第四章　简化增效：要传达的信息** | 095 |
| 将数据墨水比最大化 | 097 |
| 突出重要信息 | 104 |
| 本章关键概念 | 120 |
| 习题：重画数据图 | 122 |
| | |
| **第五章　高效幻灯片：紧扣要点** | 125 |
| 每张幻灯片都要有一个要点 | 127 |
| 要点即提要 | 127 |
| 用提要让数据图更清晰 | 132 |
| 你的幻灯片是否做到了清晰有力 | 135 |

| 本章关键概念 | 150 |
| 习题：看提要，画幻灯片 | 151 |

## 第三部分

# 数据组织：如何将数据组织为有说服力的沟通内容

### 第六章　建立数据结构：方便他人理解　　155
开头就要想着结尾　　157
用明托金字塔建立沟通结构　　158
让论点发挥最大的影响力　　175
用扎实的推理支持论点　　186
将明托金字塔转化为完整沟通文稿　　194
本章关键概念　　201
习题：克雷格斯通的选择（上）　　202

### 第七章　有说服力的数据框架：促使受众行动　　207
受众评判的不只是数据　　209
理解受众的评判方式　　210
用WIIFT提高动用中枢处理的概率　　214
借助周围处理信号　　226
本章关键概念　　236
习题：克雷格斯通的选择（下）　　237

## 第四部分

# 数据呈现与论证：如何预先准备以回应受众

**第八章　数据呈现：巧做准备**　　　　　　　　　　243
　　让数据"发声"　　　　　　　　　　　　　　　245
　　掌握 TOP-T 框架的组成部分　　　　　　　　　246
　　练习高阶技巧　　　　　　　　　　　　　　　260
　　本章关键概念　　　　　　　　　　　　　　　263
　　习题：练习做演示　　　　　　　　　　　　　264

**第九章　准备回应反对意见：因为反对意味着重视**　271
　　反对有建设性意义　　　　　　　　　　　　　273
　　反对是可以预测的　　　　　　　　　　　　　274
　　用受众混淆矩阵预测反对意见　　　　　　　　278
　　反对是可以化解的　　　　　　　　　　　　　292
　　本章关键概念　　　　　　　　　　　　　　　296
　　习题：这属于哪一种场景？　　　　　　　　　298

**致　谢**　　　　　　　　　　　　　　　　　　　305

**参考文献**　　　　　　　　　　　　　　　　　　309

# 引言

本书存在的意义来自一个令人沮丧的事实：我们每天都会遭到海量数据轰炸，而我们的大脑原本并不适合处理这种体量的数据。本书介绍的工具和方法基于一个前提，那就是：高效传递数据是利人善举。你帮助他人对世界有了更清晰的认知，对方就可以将精力聚焦于难点，争取做出好的决策。

然而，在从原始数据到合理决策的道路上，人脑设置了诸多障碍。本书就是要帮你看清障碍，优雅躲避，帮助他人做出更好的选择。

## 本书面向人群

本书面向商科学生和数据从业者。此类人群需要向他人讲解分析结果，尤其是对相关主题的了解不如你深入的受众。这些受众可能是你所在机构的高管或经理、消费者、外部利益相关方，或者其他要根据你给出的分析采取行动的人。本书将提升你的数据可视化能力,以便向他人清晰展示;为你提供整合数据图的工具,以进行兼具说服力与逻辑性的沟通;让你更好地帮助受众理解数据,依据数据采取行动。

# 本书特色

本书全面地介绍了数据传递过程,从设计有力的数据图,到建立清晰的数据阐述结构,再到向受众呈现数据,论证分析结果的合理性。大部分同类书籍仅仅聚焦于一个方面,本书则涵盖了当代数据从业者所需的各类技能。在介绍数据可视化的最佳实践以外,本书进一步为读者提供了一整套工具,助力高效的商务沟通。相比于上述主题的大部分现有书籍,本书具备以下特色:

### 1. 兼具解释性数据图与沟通策略

数据可视化书籍大多只讲如何做好数据图。本书则更进一步,介绍如何利用数据图实现高效沟通,说服他人在数据指导下采取行动。本书会给出清晰整理思路的框架和原则,指明高效沟通的意义,设计高效的数据图,向受众展示数据图,论证分析结果的合理性。本书可以作为解释性数据图与沟通策略方面的启蒙书。

## 2. 融汇实务视角与学术视角

本书结合了数据分析、商业实务、学术研究三个方面。借助自身的学术与实务经验，我在麻省理工学院斯隆商学院开设了"数据沟通"课程。在那之前，我先是从事英语和计算机科学研究工作，然后我在科技行业有十余年的工作经验，负责向 WPP（一家媒体业控股公司）、贝恩咨询公司和 Hubspot（一家 B2B 营销软件开发公司）等企业的非技术背景人员介绍专业知识。经笔者亲身验证，本书中的工具在课堂和职场同样奏效。

## 3. 适用于不同背景的读者

本书内容经过了各类场景和各类人群的广泛检验，包括对本科生、刚毕业的研究生、职场新人、职业生涯中期人士、高管级专业人员的在校课程和在职培训。本书既适合只接受过初级商科教育，或只有一般性工作经验的无背景读者，也对拥有几十年工作经验的人有价值。在大量实践基础上，本书框架和概念经过反复打磨、完善，力求清晰切实，对各类商业人士具有可靠的实用价值，且通俗易懂。

## 4. 结合现实案例

本书加入了取材于数百名专业人士的现实案例，并经过了从本科生到职场人士的各类受众检验。案例涵盖了众多领域、行业和机构，体现了本书框架的广泛适用性。

## 5. 包含辅助教学材料

本书提供了配套课程计划、幻灯片、习题答案和评分标准，读者可以轻松打造出一门本科层次的课程。辅助教学材料曾用于教师培训项目，帮助多名对数据可视化了解有限的教师提升教学体验。每章都有一道习题，目的是鼓励读者学以致用。麻省理工学院出版社平台上还配有习题，要求读者完成从原始数据到沟通数据的各个环节的习题。这些习题适用于将本书全部或局部定为阅读材料的读者。

# 本书结构

本书共分四个部分，每个部分内的各章有前后承接关系，但各个部分的阅读顺序不限。

本书整体采取从微观到宏观的递进顺序。第一部分从脑内入手，介绍大脑对数据的感知方式。第二部分聚焦于优化单个数据图。第三部分延伸到高效信息沟通的结构。最后是第四部分，介绍信息传递策略，并探讨终极难题：他人反应。

## 第一部分　理解感知：数据图为何有用，如何发挥作用

### 第一章　了解自己的思想：从而改变他人的思想

沟通是将想法编码成文字、图像和声音，再由他人解码的过程。本章将阐明大脑在这个过程中面临的主要挑战，并解释为什么数据沟通与数据分析面临着不同的挑战。本书其余部分就是探究这些挑战有何影响，以及如何构建最佳实践与框架，以对抗这

些挑战。

**第二章 了解数据图的原理：**深入大脑

数据图是数据沟通的一种关键工具。有些关系太复杂了，只用数字表示的话很难让人理解，而数据图能够使其一目了然。即便是最复杂的数据图，也是在利用人类视觉感知系统的几点特征。本章会讲解受众解码数据图信息的方式。第一节介绍视觉感知的基本特征。第二节讨论高效设计需要考虑的前注意特征（preattentive attributes）与格式塔原理。如果掌握了这些概念，你的受众就能轻松且可靠地解码你制作的数据图。章末习题是拆解一张数据图，让你能够将上述两节融会贯通。

# 第二部分 数据设计：如何设计出高效的数据图和幻灯片

**第三章 选择数据图类型：**针对你的数据

数据图利用了我们发现数据关系的能力。因此，要选择最好的数据图类型，首先要明白你想要突出的数据关系。本章介绍了主要的关系种类，进而深入到呈现这些关系的最佳实践和常用数据图类型。章末习题要求你根据数据关系将数据图进行分类概述，目的是检验识别数据关系的能力。

**第四章 简化增效：**要传达的信息

就算数据图设计得很用心，但如果过于复杂，那也无法说服受众。本章的目标不是降低数据图要表达的数据的复杂度，而是让你的数据图像透明的窗户一样，让受众看清底层的数据。本章给出两种简化数据图并突出核心信息的方法：最大化数据墨水比，建立信息层级。习题会检验你削减多余元素、实现数据增效的能力。

**第五章　高效幻灯片：紧扣要点**

在商业领域，受众看到的数据图大部分被整合在幻灯片中。在数据图设计的基础上，本章会讲解如何制作向他人呈现数据图的幻灯片。本章聚焦于幻灯片设计里最重要的一个部分：确定每张幻灯片要表达的要点。本章会带领你将幻灯片的要点体现在提要中，还会介绍一系列检验手段，帮助你做出扎实有效的设计选择。习题要求你制作幻灯片并起好幻灯片标题。

# 第三部分　数据组织：如何将数据组织为有说服力的沟通内容

**第六章　建立数据结构：方便他人理解**

清晰沟通建立在清晰逻辑的基础上。第三部分的关注点不再是制作高效的数据图，而是转向将数据图整合成有说服力的沟通所需的技能。本章会介绍一种思路整理工具——明托金字塔（Minto pyramid），目的是加强沟通的清晰度，用故事来确定主旨，检验论证的逻辑严谨性。最后一节会介绍如何轻松改造明托金字塔，以用于各类沟通场景。习题要求你基于一个商业案例和受众需求，给出有说服力的论证结构。

**第七章　有说服力的数据框架**：促使受众行动

本章介绍除分析品质度和结构清晰度之外的对受众产生影响的因素，还讨论受众知识基础和固有偏见对论证方法的影响。通过"详尽可能性模型"这一框架，我们能够理解非数据因素对受众决策过程的影响。本章其余部分介绍 WIIFT 模型——What's In It For Them（他们从中能获得什么）——围绕双方共有的思维模式来打造沟通重点，从而最大化沟通效力。习题要求你制作针对具体受众的明托金字塔。

# 第四部分　数据呈现与论证：如何预先准备以回应受众

**第八章　数据呈现**：巧做准备

常言道，数据自己会说话，但事实并非如此。数据不会说话，当然更不能解释它对你的业务有何意义。本章将讲解如何在受众面前让数据"发声"。本章前半部分概述了 TOP-T 框架，这是一种数据向幻灯片的制作思路。掌握这套框架有助于让你厘清数据的含义，让受众更快理解你的意思，还会加强你的说服力。本章后半部分则会深入讲解高阶报告技巧。习题给出了练习用幻灯片，帮助你磨炼技能。

**第九章　准备回应反对意见**：因为反对意味着重视

每名沟通者终究都会遇到受众的反对，本章讲解如何预判你可能遇到的反对种类，如何做好相应的准备。本章会告诉你，理解变化的本质有助于预测受众行为。此外，本章还介绍了受众混淆矩阵，以便你能准备好相应的回答。本章的最后一节给出了若干化解棘手场面的策略。在本章习题中，读者可以预测受众对不同场景的反应，并考虑适当的应对方法。

# PART I

**第一部分**

# 理解感知

---

数据图为何有用,如何发挥作用

第一章

# 了解自己的思想

———

从而改变他人的思想

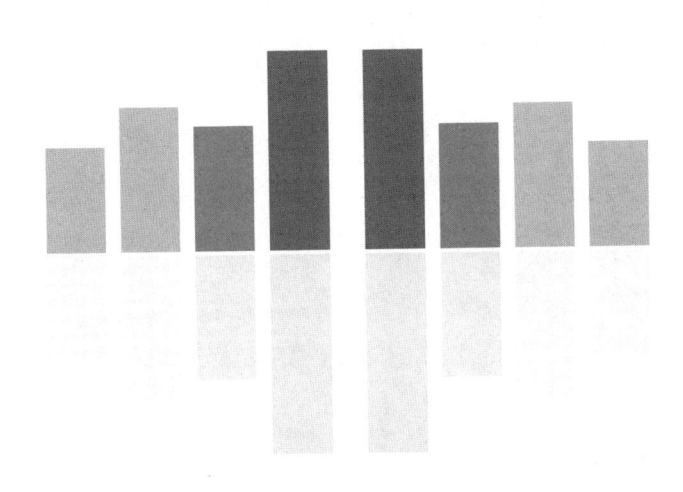

沟通是将想法编码成文字、图像和声音，再由他人解码的过程。本章将阐明大脑在这个过程中面临的主要挑战，并解释为什么数据沟通与数据分析面临着不同的挑战。本书其余部分就是探究这些挑战有何影响，以及如何构建最佳实践与框架，以对抗这些挑战。

## 理解数据沟通的三大挑战

要是数据沟通容易的话，那世界上就全是优质决策了。你甚至肯定见过这样的情景：某个你敬重的人听信劣质数据，或者误解了本身良好的数据，然后在此基础上做出决定。你可能会想："为什么大家都这么无能？"——或者你接着会想："当然我除外。"

你周围是不是全都是傻瓜，这个问题本书无法回答，但本书可以确切地讲，你周围都是人类。人类确实面临着某些对沟通过程本身至关重要的挑战。

究其本质，沟通就是信息编码、传递和解码的过程。我们将大脑中的想法编码成声音、图像和文字的形式，以便传递给其他人。解码是发生在他人大脑中的相反过程。声音、图像和文字经过解码，还原为其代表的想法。两者之间有两大传递渠道[1]：

---

[1] 每个感官都代表了一种潜在的沟通渠道，但职场环境中不提倡以味觉、触觉和嗅觉为沟通渠道。要是你有一个同事喜欢中午用微波炉热鱼吃，随便找一个坐在他下风口的人问问就知道了。

**视觉**：通过视觉，我们可以将信息编码为图片、数据图或者你正在阅读的文字。这些编码最终会以光波形式被受众的眼睛接收。

**听觉**：我们可以将信息编码为声音，比如发言讲话。这些编码会以声波形式在空气中传播，最终被受众的耳朵接收。

这个编码、传递和解码的过程就是沟通。所有沟通难题也都来源于此。数据沟通主要有三大挑战，如表 1.1 所示。

表 1.1 三大挑战

| 挑战 | 含义 | 影响 |
| --- | --- | --- |
| 多元认知的挑战 | 不同的人对同一段编码会做出不同的解码 | 你觉得明白的东西，别人未必明白 |
| 知识的诅咒 | 我们忘记了之前不知道的时候是什么样 | 向他人讲解数据是一种特殊的思维模式和技能组合 |
| 认知负荷 | 大脑在处理信息时会尽可能省力 | |

## 挑战一：多元认知的挑战

这里有一道题目：用一组符号展现编码和解码的挑战，如表 1.2 所示。当你看每个符号时，留意大脑马上做出的解码反应是什么。请注意，你可能还会想到其他编码。注意力集中在第一个出现的念头上。这个观察自身思维的过程叫作**元认知**。它是学习掌握解码过程的一项重要技能，也是本书自始至终培养的一项技能。当你处理每个编码时，把你产生的第一个想法写下来。

表1.2　一组符号

| 编码 | 当你看到这个编码时，你想到了…… |
|---|---|
| II | |
| 2 | |
| = | |
| 10 | |

> 逐个看表中列出的编码，记下你得出的解码结果。留意你的第一反应，写下来。请注意哪些符号需要的解码时间短，哪些需要的时间长。

当你看到符号"II"时，第一个蹦出来的念头是什么？很多人看到了暂停键、平行线、数字11、罗马数字Ⅱ、两只眼睛，也有些人看不出任何意义。

那"2"呢？几乎所有人都说是数字2。严格来说，它是阿拉伯数字2，一个非常特殊的曲线符号，我们都学会了将它解码为数字2。请记住，这只是因为存在一个共识，我们采用这个曲线符号来编码"2"这个概念。

数字2是一个通行的概念，大多数人看到这个编码，就会一下子跳到它代表的概念。这个过程发生得如此之快，以至于编码感觉就是概念本身，但 2 这个概念不同于我们用来代表它的编码。为了在数据可视化中做出明智的选择，一项重要技能就是将概念本身与它在我们头脑中的编码区分开。

你解码"二"快还是慢？懂中文的人会将它解码为数字 2，与几乎所有人解码阿拉伯数字 2 的速度一样快。有十多亿人完全了解这个编码，但对不熟悉的人来说，它就是天书。

那"10"呢？大部分人会迅速将其识别为一个熟悉的符号，解码为数字 10，但它其实也是二进制里的数字 2。要分清这个编码是代表 10 还是代表 2，完全要依靠语境。

这个练习的重点是说明编码和解码的复杂性，即使只是简单的想法。这些编码中的每一个都是代表概念"2"的一种方式，但有各种各样的因素会影响你的特定大脑解码每一个信息的方式。

这是一切沟通面临的根本挑战，包括数据沟通在内：编码是一个大脑的事，意图清晰，而解码是多个大脑的事。解码依赖多个因素，见表 1.3。为了实现高效沟通，你需要理解这些因素，培养对受众差异化需求的敏感度。如果你想要多个人按照你的意图解码数据，那就需要数据设计、数据结构和数据呈现，而这一切的前提是，受众的想法未必与你一致。

表 1.3　影响解码的因素

| 因素 | 例子 |
| --- | --- |
| 语境 | 排序：如果把阿拉伯数字 2 放在第一位，观看者就更可能会将其他编码解码为 2 |
| 既有经历 | 语言：熟悉一门语言的人有更强的解码能力（如英语、汉语、Python） |
| 熟悉程度 | 缩写：如果你熟悉编程，你可能会觉得 ASP 指的是 Application Service Provider（应用服务供应商）；如果你熟悉定价，你可能会觉得 ASP 指的是 Average Selling Price（平均销售价格） |
| 文化背景 | 用色：红色在西方文化中代表亏损，在一些东方文化中代表盈利 |
| 传播渠道 | 字号：同样大小的字，打印在纸上完全能看清，但在大讲堂里投影就看不清了 |
| 生理因素 | 色盲：约有 4.5% 的人患有色觉缺陷，难以分辨特定的颜色① |
| 沟通者 | 口音：非母语者可能难以听懂外语口音浓重的沟通者的发言 |

## 挑战二：知识的诅咒

我们的头脑有几个有趣的特征。当一个新想法出现时，我们会以惊人的速度对其进行评估。如果它看上去熟悉，也没有迹象表明需要进一步探察，我们一般就会认可它，并将其纳入自己对

---

① 总体均值没有反映分布情况。几乎所有色觉缺陷患者都是男性，男性发病率约为十二分之一，女性则是二百分之一。

世界的认识中。一旦它获得了认可,接下来发生的事情就更有趣了:我们会忘记这个想法出现之前的生活是什么样子。这个古老的魔咒就是知识的诅咒[①]:当你学会了一件事,你就会忘记不知道这件事是什么样。你甚至会忘记它曾经对你来说是新信息。

举个例子。看一下图 1.1,注意发生了什么。你的大脑认定图中的物品是什么?认定的速度有多快?

图 1.1　知识的诅咒 1

这是一幅复杂的图片。图中的元素和颜色远远多于复杂数据图,但你的大脑很可能随便一瞥就完成了解码:图中是一朵玫瑰。

---

[①] 建议读者阅读奇普·希思和丹·希思(Chip and Dan Heath)的《让创意更有黏性》(*Made to Stick*)一书,这本优秀读物深入探讨了知识的诅咒。我采用了两名作者的一个习惯,那就是利用知识的诅咒来"发挥我们认为适合的作用"。

但你看到海豚了吗？

回去再看一遍。现在既然提示了，你就更可能会看到海豚了（如果没看到，请看下一页图 1.2）。

一旦看到了海豚，你就不可能看不到它了。这就是知识的诅咒。大脑不允许我们回到习得知识之前的状态。

知识的诅咒有大量证据支持。只要你学到了新内容，这种现象就会发生。我们不仅会因此忘记不知道一件事是什么样，甚至会忘记它曾经是新信息。知识越多，诅咒就越强。相比于新手，专家受到的影响一般更大。

破解知识的诅咒，是数据沟通的首要挑战之一。哪怕是制作最简单的数据图，你在数据上投入的时间也要比受众多上几个数量级。比方说，受众花了 5—10 秒来解码你的数据图。哪怕是手速最快的 Excel 高手，也很难在 100 秒内创建表格、排版、整理数据、添加标签，然后复制到 PowerPoint 里。这样一来，你思考这段信息的时间就已经是受众的十倍了。我们是知道的，但受众不知道我们知道的东西，而我们的大脑往往会忘记不知道是什么感觉。为了实现高效沟通，我们必须不断抵制这个倾向。

一旦看到了海豚，你就不可能对它视而不见了。

图 1.2　知识的诅咒 2

## 挑战三：认知负荷

我们的大脑喜欢轻松，厌恶紧绷。一旦大脑认为我们理解了一件事，我们往往就会停止深入思考。在海豚和玫瑰的例子中，一旦你看到了玫瑰，很可能就不会再寻找图片中编码的其他图形了。为什么呢？

这里是另一个例子。当你看到下面的编码时，跃入脑海的是什么？

$$17^2$$

大多数人看完后认为是"17 的平方"。如果你上小学时被要求记住 20 以内数字的平方，那你或许会立即认成 289，但大多数人认出符号后就停了下来,不会再进一步计算了。

那是因为,计算 17 乘以 17 是一个费脑的过程。它为大脑加上了负荷。作为人类,我们会避免认知负荷,尽可能保持心力。这是一个很强的效应,以至于我们更容易相信认知负荷较低的语句。请看下面两段数据:[①]

**第一幅饼图发表于 1794 年。**

第一幅饼图发表于 1803 年。

这两句话都不是真的。1801 年,威廉·普莱菲尔(William Playfair)发表了第一幅饼图。但当很多人看到这两句话时,相信前一句话的人更多,因为粗体字更容易识读。由于读起来更容易,第一句话对大脑的认知负荷更小。我们更可能相信容易理解的内容。

这条原则对设计的第一个启示是,容易读懂的数据才令人信服。因此,不存在适用于所有报告场景的唯一"正确"字号。最佳字体大小取决于受众和传播渠道。这意味着,礼堂发言时幻灯片的字号应当大于纸质稿上的字号。

一个更普遍的启示是,数据沟通不是将你的思想扁平化,而

---

[①] 这个例子和本节均改编自诺贝尔奖得主丹尼尔·卡尼曼(Daniel Kahneman)的《思考,快与慢》(*Thinking, Fast and Slow*)。该书总结了大脑失灵的各种方式。本书大部分内容的探究主题是,回避认知负荷的倾向如何影响我们对世界的解读方式。

是要去掉一切可能妨碍受众理解的东西，是运用设计手段来凸显你的思想，削弱外部噪声。或者，就像传言中阿尔伯特·爱因斯坦（Albert Einstein）说过的那样："事情应该力求简单，但不能过于简单。"①

本书其余部分列出的最佳实践，都是为了应对这三个核心沟通挑战：多元认知的挑战、知识的诅咒、认知负荷。如果没有这些挑战的话，说服他人就容易了。每个人看待事物的方式都和我们相同。我们能轻松准确地记住新观念带来的思想变化。受众能够承担无限大的认知负荷，吸收无限精细的信息。可惜，事实并非如此。

## 调至"向他人讲解数据"的思维模式

在你进行分析时，这三个挑战处于沉睡状态。只有当你启动沟通过程时，它们才会现身。除非你需要向多人沟通信息，否则就不需要担心多元认知差异。在你通过分析学到知识之前，知识的诅咒不会出现。认知负荷则是落在他人身上，你要求对方解码

---

① 这个简化版本来自作曲家罗杰·塞欣斯（Roger Sessions）对《纽约时报》的转述，但下面的版本其实更适用于数据分析，后者有案可查，直接出自爱因斯坦的最相近表述："无法否认的是，所有理论的终极目标都是让不可还原的基本要素尽可能简单，数量尽可能少，同时不牺牲对任何一个经验材料的充分表征。"愿我们都努力追求这个标准。

Garson O'Toole, "Everything Should Be Made as Simple as Possible, But Not Simpler," QuoteInvestigator.com, last modified May 13, 2011, https://quoteinvestigator.com/2011/05/13/einstein-simple/.

你的分析。要解决三大挑战，你需要切换到数据沟通的思维模式与技能，这与分析数据本身并不相同。

搞清楚数据的意义是一回事，向其他人解释分析结果是另一回事。因为数据分析的这两个阶段相差巨大，所以我起了不同的名字：探索数据阶段和解释数据阶段。不同的名称体现了各自所需的不同技能与思维模式，如表1.4所示。

表1.4 数据分析两个阶段的对比

|  | 探索数据阶段<br>（找答案阶段） | 解释数据阶段<br>（讲给别人听阶段） |
| --- | --- | --- |
| 目标受众 | 自身 | 他人 |
| 期望的复杂度 | 高（展示所有的可能选项） | 低（聚焦于答案） |
| 目的 | 理解数据的含义 | 向他人解释数据的含义 |
| 用途 | 答案是你的输出结果 | 答案是他人决策的输入因素 |

奇普·希思和丹·希思将探索数据阶段称为"找答案阶段"。大多数人想到数据处理时，想到的就是这个过程。它是大部分数据分析课程的重点：探索数据并进行可视化，目的是理解数据有什么含义，我们应当对数据提出什么问题，数据又能提供什么答案。探索数据是一个迭代过程。改变分析思路可能会打开新视角，而且常常会改变要考察的基本问题。探索是一个筛选数据的

过程，就像沙里淘金一样，目的是寻找值得他人关注的金块。[1]

本书假定，读者已经通过工作和其他课程充分掌握了探索数据阶段。本书将完全聚焦于解释数据阶段，也就是希思兄弟所说的"讲给别人听阶段"。在这个阶段，你要把金块挑出来，然后打磨，让别人能轻松认出你发现的黄金。你需要另一种思维模式，因为适合探索性的"找答案阶段"的思维模式，在解释性的"讲给别人听阶段"只会毁了你。

例如，在探索数据阶段，高复杂度的数据图更有效率。数据图越复杂，你就能够同时评估更多的数据维度，更快提炼问题，更快找到答案。

而在解释数据阶段，复杂是大敌。受众需要迅速清晰地看到核心思想。过分复杂会让受众一头雾水，注意力偏离重点，还有喧宾夺主、引发误解的风险。

但是，如果你主动进入新的工作阶段，从分析转向沟通，那就能分散工作量。你原本要事后花力气说服和纠正别人，现在则是未雨绸缪，在实际沟通之前就预先筹备。

为了逃避解释数据阶段的沉重心理负担，有些沟通者直接向受众讲了一遍自己的探索过程，介绍得出结论的每一个步骤和每一幅数据图。对沟通者来说，这或许是一首凭借聪明才智和坚忍不拔，最终征服无知的英雄诗。受众就不会那么大度了。不要让

---

[1] 这个例子直接借鉴了科尔·努斯鲍默·纳福利克（Cole Nussbaumer Knaflic）在《用数据讲故事》（Storytelling with Data）中提出的"珍珠蚌和珍珠"的比喻，几乎每一个读过这本优秀著作的人都会采用这个贴切的形容。

受众承受重走探索路的负担,而要进行符合其需求的沟通。直接带他们去看黄金,不要从头到尾逛一遍那些让你空手而归的地方。

要将分析解释阶段当作一个完全不同的心理过程。要相信,讲解清晰度会为你的成果赋予可信度,有了可信度,才能说服别人。后续各章会给出一幅路线图,帮助你实现上述目标。

## 本章关键概念

向他人解释数据与数据分析是两个独立的阶段,对思维模式与数据可视化有不同的要求,见表1.5。

表1.5 速查表:如何向他人解释数据

| 你有没有考虑到 | 一定要扪心自问 |
| --- | --- |
| 多元认知差异 | ● 你是否了解受众的背景和语境?<br>● 你是否知道受众主要获取哪一类分析,获取频率有多高? |
| 知识的诅咒 | ● 你有没有向其他人解释过你的分析?<br>● 你有没有向知识水平与受众相当的其他人解释过你的分析? |
| 认知负荷 | ● 你是否去掉了不必要的复杂信息(受众就算不知道这些信息,也不影响理解你的研究结论)?<br>● 你是否聚焦于分析结果,而非得出结果的过程? |

## 就算别的都记不住……

沟通是编码、传递和解码的过程。所有沟通难题也都来源于此。

一旦看到了海豚,你就不可能对它视而不见了。

数据沟通不是将你的思想扁平化,而是要去掉一切可能妨碍受众理解的东西。

直接带受众去看黄金,不要从头到尾逛一遍那些让你空手而归的地方。

第二章

# 了解数据图的原理

▬

深入大脑

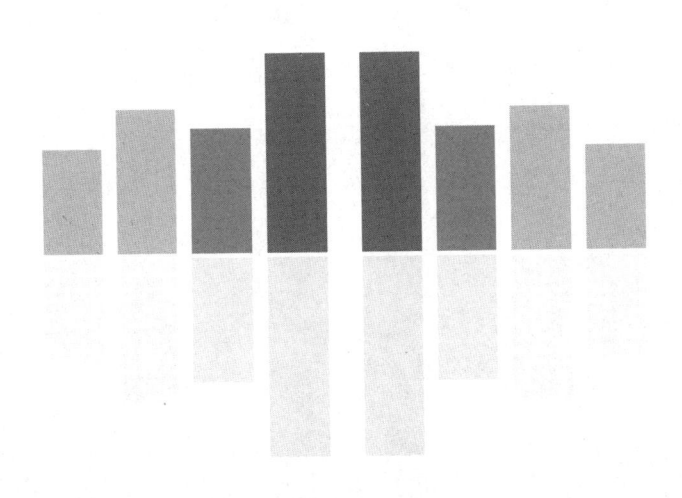

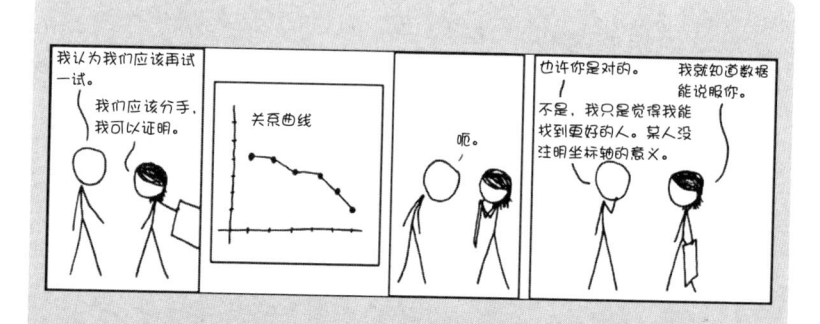

数据图是数据沟通的一种关键工具。有些关系太复杂了，只用数字表示的话很难让人理解，而数据图能够使其一目了然。即便是最复杂的数据图，也是在利用人类视觉感知系统的几点特征。本章会讲解受众解码数据图信息的方式。第一节介绍视觉感知的基本特征。第二节讨论高效设计需要考虑的前注意特征（preattentive attributes）与格式塔原理。如果掌握了这些概念，你的受众就能轻松且可靠地解码你制作的数据图。章末习题是拆解一张数据图，让你能够将上述两节融会贯通。

## 我们如何解码数据图

数据图发挥威力的根源是，视觉加工系统很擅长发现视觉要素之间的关系。看看周围，注意你确定视野内每个物体的大小远近是多么快，多么轻松。这是因为，人类有能力处理所见物体的大小和位置。你的大脑刚刚绘制了一幅连贯的三维环境图，而你丝毫感受不到认知负荷。

人脑对上述视觉信息进行过滤，形成连贯图景的一种途径，就是将信息分块。闭上眼睛，你大概记不得你刚刚见过的所有事物的全貌。大脑记住的是信息块：凌乱的书桌、窗外的树、书架。同理，高效数据图要对信息进行符合逻辑的分块处理，减轻受众的认知负荷。

大脑的另一种过滤方式是，聚焦于突出的或异样的事物。这种视觉性质叫作**突出性**。突出的视觉要素会留在脑海中。你在林间漫步，周围有几百棵树，而大脑会倾向于看见那一棵有响动的树——树后面可能有一头熊。个别树的响动是非常突出的。突出性是人脑限制认知负荷的一个例子。在同一时间，最突出的要素只会有一个。

数据图利用上述原理,将数量信息进行可视化编码,并将数量关系呈现为一条或多条数轴上的关系。①大脑几乎会瞬间发现图中要素之间的视觉关系,将信息分块,识别最突出的元素。因为这个过程发生得很快,所以我们要理解上述每一个概念在受众观看数据图时的反映形式。这是实现高效沟通的关键一步。

## 发现关系

数据图利用了我们的一种超能力,那就是迅速且轻易地发现视觉关系。统计学家弗朗西斯·安斯科姆(Francis Anscombe)给出了一个数据集,用以展现人类视觉系统的能力(以及数据集离群值的强烈影响),见表2.1。

表2.1 安斯科姆四重奏

| A组 | | B组 | | C组 | | D组 | |
|---|---|---|---|---|---|---|---|
| x | y | x | y | x | y | x | y |
| 10 | 8.04 | 10 | 9.14 | 10 | 7.46 | 8 | 6.58 |
| 8 | 6.95 | 8 | 8.14 | 8 | 6.77 | 8 | 5.76 |

---

① 更确切地说,数据图(graph)将信息呈现为一条或多条数轴上的关系,从而帮助我们解码视觉元素的数值和尺度。本书中的数据图特指这一种视觉编码。必要情况下,我们会用"图表"(chart)来泛指数据图、数据表(table)、示意图(diagram)和其他利用位置关系和图像来编码言外之意的信息呈现手段。虽然从专业上讲,"数据图"和"图表"两个词有区别,但在日常用法中并不区分。

续 表

|  | A组 x | A组 y | B组 x | B组 y | C组 x | C组 y | D组 x | D组 y |
|---|---|---|---|---|---|---|---|---|
|  | 13 | 7.58 | 13 | 8.74 | 13 | 12.74 | 8 | 7.71 |
|  | 9 | 8.81 | 9 | 8.77 | 9 | 7.11 | 8 | 8.84 |
|  | 11 | 8.33 | 11 | 9.26 | 11 | 7.81 | 8 | 8.47 |
|  | 14 | 9.96 | 14 | 8.1 | 14 | 8.84 | 8 | 7.04 |
|  | 6 | 7.24 | 6 | 6.13 | 6 | 6.08 | 8 | 5.25 |
|  | 4 | 4.26 | 4 | 3.1 | 4 | 5.39 | 19 | 12.5 |
|  | 12 | 10.84 | 12 | 9.13 | 12 | 8.15 | 8 | 5.56 |
|  | 7 | 4.82 | 7 | 7.26 | 7 | 6.42 | 8 | 7.91 |
|  | 5 | 5.68 | 5 | 4.74 | 5 | 5.73 | 8 | 6.89 |
| 元素数 | 11 | 11 | 11 | 11 | 11 | 11 | 11 | 11 |
| 均值 | 9.0 | 7.5 | 9.0 | 7.5 | 9.0 | 7.5 | 9.0 | 7.5 |
| 标准差 | 3.2 | 1.9 | 3.2 | 1.9 | 3.2 | 1.9 | 3.2 | 1.9 |
| 决定系数 | 0.82 |  | 0.82 |  | 0.82 |  | 0.82 |  |

来源：F. J. Anscombe, "Graphs in Statistical Analysis," *American Statistician* 27 (Feb. 1973): 17–21。

从统计层面看，四组数据几乎相同。每一列的均值、标准差和元素数都一样。每组数据中 x 和 y 的相关系数都相同（精确到小数点后两位）。看一遍表格就会发现，数据组显然各不相同，但很少有人能迅速概括出差别。

再来看下面代表各组数据的数据图（图 2.1）。相比于表格，数据图更清晰便捷地体现了四组数据的关系。通过这个例子，安斯科姆主张，视觉化是数据探索中的一个关键步骤。他想要反驳一种看法，即"数字计算是精确的，数据图是粗略的"。他的例子提醒我们，绘制数据图是为了呈现关系。如果不呈现关系，数据图这个工具就没用。如果要呈现关系，受众理解数据图的速度和便利度可能会优于观看数据表。[①]

**数据图直观表现数值关系**

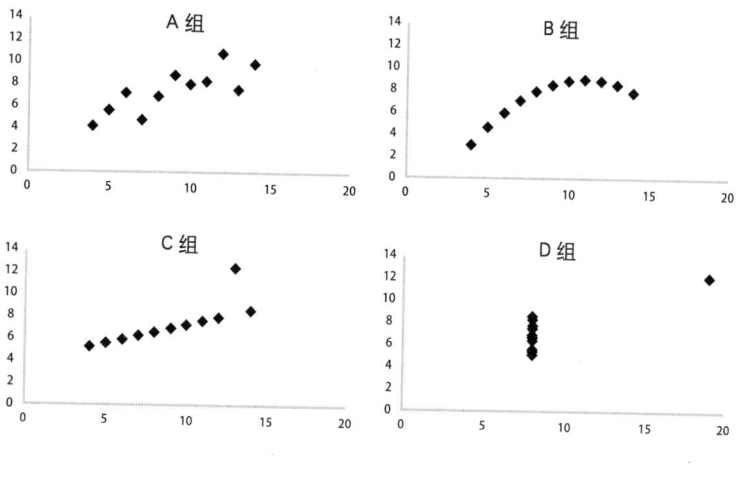

图 2.1　表 2.1 对应数据图

来源：F. J. Anscombe, "Graphs in Statistical Analysis," *American Statistician* 27 (Feb. 1973): 17–21。

---

[①] 这并不是说，编排合理的表格在数据沟通中不具有重要地位。数据图更适合表现数值关系，但表格更擅长表现具体数值。如果在特定决策场景中，具体数值和数值关系都是重要因素的话，那就应该使用数据表。

## 发现数据块

大脑会将输入的信息分块。[①] 块可以是概念或符号的任意组合。块之所以是块，是因为我们能够将它识别为单个概念。要画好数据图，就要选择数据分块的方式。

块的划分标准是灵活的。几乎任何一组观念或意象都可以纳入一个块里，具体取决于我们内心的划分方式。然而，同一时间内能够主动处理的块数有严格限制。一般来说，我们一次能够处理三到四个块。[②]

借助数据图，你可以将大量数据点整合成一个方便回忆的图块。在表2.2中，大部分人会把每个数字当作一个独立的块。他们或许能记住四个极值，表中对其做了强调处理。

---

[①] 没错，专业术语就是"块"（chunk），虽然有时也会用"概念"（concept）和"模式"（schema）来指代更高的抽象层级。

[②] 这一观点的检验方法颇为巧妙。人的思维各不相同。正常人一天的生活纷繁复杂，很难用实验方法再现。另外，对块进行高效整理，不断提升抽象层次的能力也会熟能生巧。掌握一个领域的一个重要标志，就是能够对相关信息进行合理分块。可以这样说，相比于沟通者，受众能用于容纳相关概念的空间要少得多。关于对记忆的更详尽讨论，参见以下文献：科林·维尔（Colin Ware）的《信息可视化：设计中的感知》(*Information Visualization: Perception for Design*)；G. A. Miller, "The Magical Number Seven, Plus or Minus Two: Some Limits on Our Capacity for Processing Information," *Psychological Review* 63, no. 2 (1956): 81–97；Nelson Cowan, "The Magical Number 4 in Short-Term Memory: A Reconsideration of Mental Storage Capacity," *Behavioral and Brain Sciences* 24, no. 1 (2001): 87–114。

表 2.2　报修次数（前一年）

|  | 1月 | 2月 | 3月 | 4月 | 5月 | 6月 | 7月 | 8月 | 9月 | 10月 | 11月 | 12月 |
|---|---|---|---|---|---|---|---|---|---|---|---|---|
| 机型 A | 2,751 | 3,850 | 3,260 | 3,521 | 2,420 | 4,071 | 4,214 | 4,027 | 4,401 | 4,763 | 5,006 | 5,611 |
| 机型 B | 1,002 | 1,012 | 1,701 | 1,747 | 1,794 | 1,270 | 1,108 | 918 | 1,234 | 1,612 | 1,747 | 1,981 |

每个数字都独立成块。

如图 2.2 所示，折线图将这 24 个数字分成了两个块：机型 A 是一条折线，机型 B 是另一条折线。分好块后，每块的模式和两块之间的关系就更容易辨别和记忆了。数据可视化就是要进行适当分块，便于发现主要关系。

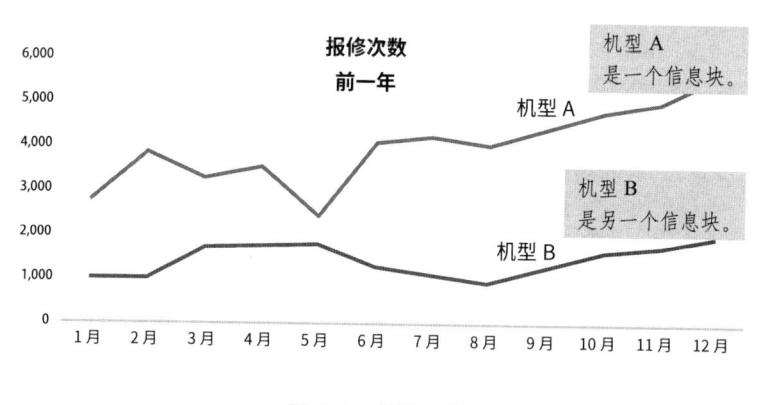

图 2.2　报修次数

来源：改编自斯蒂芬·菲尤（Stephen Few）的《数据可视化实战》（*Now You See it*），2009。

## 发现最突出的要素

我们过滤信息的能力与发现关系的能力一样强大。人脑不会为进入眼睛的每一束光线赋予相同权重,而会聚焦于突出的部分。如果没有突出点,受众可能就无法聚焦于主要关系,理解关系的含义。要懂得突出性,确保受众将注意力放在正确的位置上,确保每一个解释性数据图都有一个最突出的点。

我们来看下面这组数字,其中每个数字都有相等的视觉突出性。现在请你数一数图2.3中有多少个数字6,注意你用了多长时间。

```
数一数里面有多少个6。
8 4 0 2 7 6 8
3 2 5 1 2 4 0
0 7 9 6 7 2 0
5 3 7 0 5 1 8
7 6 1 1 1 4 9
8 2 2 9 7 3 3
1 8 2 7 3 6 9
```

图2.3 一组数字(1)

答案是四个,但你大概费了几秒钟才全部找到。现在重试一次。这一次的数表有了两个变化,让数字6更加突出,如图2.4所示。

现在数字6突出多了。

| 8 | 4 | 0 | 2 | 7 | **6** | 8 |
| 3 | 2 | 5 | 1 | 2 | 4 | 0 |
| 0 | 7 | 9 | **6** | 7 | 2 | 0 |
| 5 | 3 | 7 | 0 | 5 | 1 | 8 |
| 7 | **6** | 1 | 1 | 1 | 4 | 9 |
| 8 | 2 | 2 | 9 | 7 | 3 | 3 |
| 1 | 8 | 2 | 7 | 3 | **6** | 9 |

图 2.4　一组数字（2）

　　大多数人发现，在后一个数表中数 6 要容易得多，尽管排序并无变化。这是因为 6 的视觉效果比周围其他数字突出得多，颜色不一样，还做了加粗处理。周围数字从原来的黑色换成了对比度较低的浅灰色。这些都提高了数字 6 的突出性。我们的眼睛之所以会被突出元素吸引，是因为发现辨别视觉突出要素的认知负荷比较少。请注意，突出多个数字会消除这一效果。都突出，就都不突出了，如图 2.5 所示。

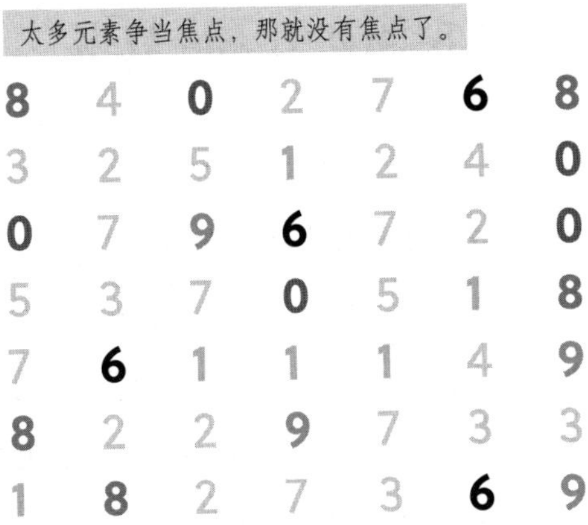

> 太多元素争当焦点，那就没有焦点了。

| 8 | 4 | 0 | 2 | 7 | 6 | 8 |
| 3 | 2 | 5 | 1 | 2 | 4 | 0 |
| 0 | 7 | 9 | 6 | 7 | 2 | 0 |
| 5 | 3 | 7 | 0 | 5 | 1 | 8 |
| 7 | 6 | 1 | 1 | 1 | 4 | 9 |
| 8 | 2 | 2 | 9 | 7 | 3 | 3 |
| 1 | 8 | 2 | 7 | 3 | 6 | 9 |

图 2.5 一组数字（3）

来源：改编自科尔·努斯鲍默·纳福利克的《用数据讲故事》，2015。

要是将太多元素推到前台，受众的认知负荷就会加重，更难聚焦于任何一个元素。所有要素都突出的话，那就全都是噪声了。在知识诅咒的作用下，沟通者可能会对此视而不见。既然你已经知道了自己要找什么，那么，就算关键元素在受众看来并不突出，你还是会觉得它们很突出。

虽然我们不能控制别人的眼球，但我们可以影响哪些元素更突出，更可能引来关注。高效的数据沟通者会有意识地选择突出元素，以便应对多元认知的挑战。他们会将受众从噪声上引开，引向有意义的模式。为此，他们会认真和批判性地思考数据图的编码方式。

# 数据图如何编码数据

高效数据图利用人类的视觉加工系统,通过呈现数据关系,将数据点整合成数量较少的几个块,并通过确保同一时间内只有一个块突出,让受众的注意力聚焦到这个块上。

在抽象过程发生前,大脑必须先从眼睛看到的景象中创造出意义。这个过程的速度很快,不等受众将注意力投向数据图之前,它就已经完成了。这个过程叫作前注意加工。[1] 借助高效的数据图,受众得以在低认知负荷下快速处理复杂信息,因为数据图利用了我们在前注意加工阶段中识别出的特征。关于大脑对视觉元素的组合方式,则是由格式塔原理负责。

前注意特征和格式塔原理解释了数据图何以有效。掌握了这方面的知识,你在制作数据图时就能做出更好的选择,让受众更快捷可靠地解码信息。

## 运用前注意特征编码数据

前注意特征是数据可视化的语法。数据图把数据拿过来,然后利用前注意特征对数据进行视觉编码。例如,柱形图借助的前注意特征是大小。柱越高,代表的数值越大。常见数据图利用了

---

[1] 更准确地说,视觉输入会经过"图像记忆"(iconic memory)过滤。图像记忆会将信息分块,从中选择一部分交给工作记忆。前注意加工就发生在这个图像记忆阶段。不过,眼睛和大脑极其复杂高妙,以上解释只是极简版本。

四个我们能够立即识别的前注意特征[①]，如图 2.6 所示。

**前注意特征**

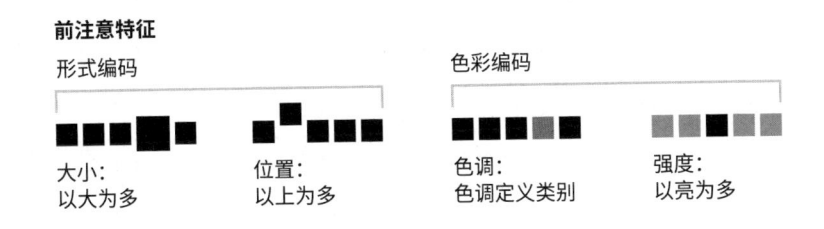

形式编码　　　　　　　　　　　　　色彩编码

大小：　　　　位置：　　　　色调：　　　　强度：
以大为多　　　以上为多　　　色调定义类别　以亮为多

图 2.6　前注意特征示例

## 大　小

由于自然界里有对等物，所以大小是最直观的编码。树的高度、宽度和体积编码了年龄。树越大，可能就越老。

> 大小是最常用的视觉编码。任何数值都可以通过高度、宽度或面积来编码。

在三者当中，高度一般是最容易用肉眼估测的，其次是宽度。至于面积差，受众就难以准确估计了，最多只能分辨出哪一块明显比另一块更大，如图 2.7 所示。

**尺寸编码的三种形式**

高度　　　　　　　　宽度　　　　　　　　面积

图 2.7　尺寸编码示例

---

[①] 我对前注意特征列表做了删减处理，聚焦于常用数据图里用到的核心特征。静态图片中还可以编码其他一些前注意特征，包括形状、弧度、模糊、标记、凹凸阴影、景深。本文焦点是静态数据图，不涉及位移和变形。在动态数据图中，除了闪烁和方向这些子特征以外，动作本身也是一个前注意特征。

## 运用大小编码的最佳实践
### 柱形图的 y 轴要以 0 为原点

在可视化领域,例外的规矩不多,其中一条是:柱形图的 y 轴要以 0 为原点。y 轴不以 0 为原点的做法叫作"截断 y 轴",常常用于歪曲数据。在前注意阶段,我们估测高度差的能力实在太强了,以至于受众常常会不由自主地得出结论,哪怕图中标明了截断,如图 2.8 所示。

(左图)2% 的差值看起来几乎有一倍的差距。

(右图)这张数据图更准确,表明实际差距很小。

**截断 y 轴会歪曲数据;柱形图应以 0 为原点**

顾客满意率大幅提升

顾客满意率基本不变

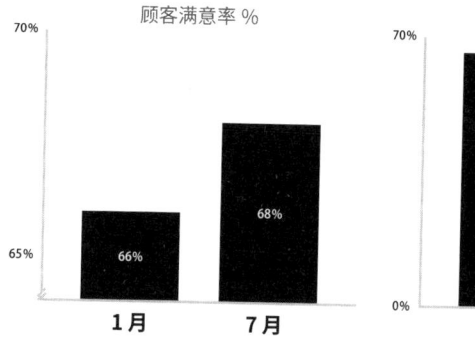

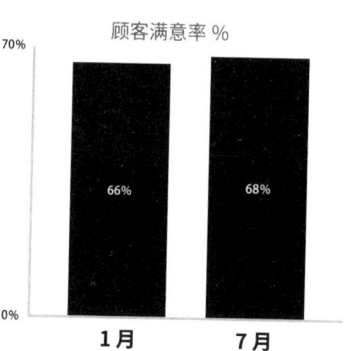

图 2.8 顾客满意率

在图 2.8 左图中,y 轴截断和误导性标题强化了错误的第一印象,即顾客满意度在 1—7 月间几乎翻了一番。虽然其实只增加了不到 2%,但我们倾向于假定,柱高视差反映了背后数据的差异。

但有的时候，微小差别也是有意义的。对一家网络服务供应商来说，正常运行时间从 99.9% 降到 99.5%，企业经营可能就会面临严重威胁。如果微小差别是有意义的，可以考虑采用反向统计量——比如故障时间——以强调变化幅度，或者不用柱形图，采用其他受众不太可能默认以 0 为基准线的数据图形式，如图 2.9 所示。

（左图）反向值（故障时间）强调了变化之大。

（右图）受众不太可能默认这张图的原点是 0。

**采用反向统计量，避免截断 y 轴**

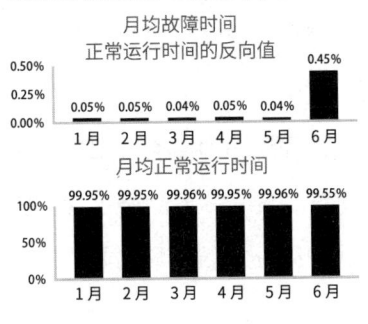

月均故障时间
正常运行时间的反向值

| | 1月 | 2月 | 3月 | 4月 | 5月 | 6月 |
|---|---|---|---|---|---|---|
| | 0.05% | 0.05% | 0.04% | 0.05% | 0.04% | 0.45% |

月均正常运行时间

| | 1月 | 2月 | 3月 | 4月 | 5月 | 6月 |
|---|---|---|---|---|---|---|
| | 99.95% | 99.95% | 99.96% | 99.95% | 99.96% | 99.55% |

**改换数据图类型，清晰表示截断数据**

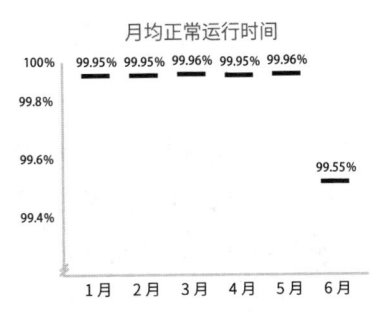

月均正常运行时间

| | 1月 | 2月 | 3月 | 4月 | 5月 | 6月 |
|---|---|---|---|---|---|---|
| | 99.95% | 99.95% | 99.96% | 99.95% | 99.96% | 99.55% |

图 2.9 运行情况

## 位　置

折线图和散点图是最常用的位置编码形式。数值可以通过纵向位置或横向位置编码，也可以像散点图那种兼用两种位置。一般来说，纵向位置高代表数值大。位置编码的三种形式如图 2.10 所示。

**位置编码的三种方式**

散点图　　　　折线图　　　　箱形图

图 2.10　位置编码示例

## 运用位置编码的最佳实践

### 请记住，受众默认以上为好

上方通常代表数值大，而对于营业收入、利润、顾客数等重要经营指标来说，数值越大越好。因此，受众一般会假定上好下差。

除非一个指标是受众成天见到的，否则在他们充分把握数据之前，你都应当假定他们会将上解读为好。尽可能遵守这一规范，以减轻受众的认知负担。在上代表坏的情况下，比如获客成本，请明确标示该数据的特殊性，见图2.11。

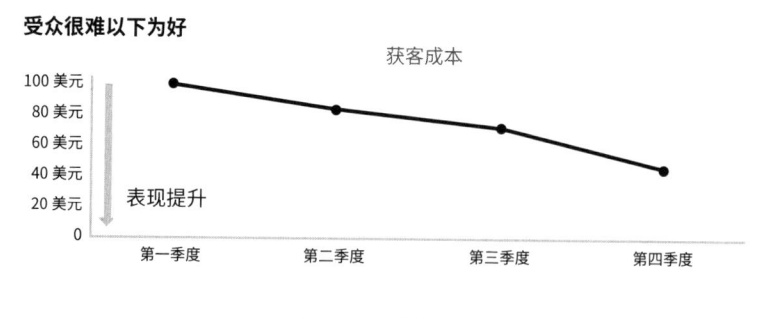

**受众很难以下为好**

获客成本

100美元
80美元
60美元
40美元
20美元
0

表现提升

第一季度　第二季度　第三季度　第四季度

图 2.11　获客成本

## 色　彩

在数据图中，用于意义编码的色彩有两种不同的前注意特征：色调和强度。[①] 色调是我们通常所说的"颜色"的精确术语。不同于其他前注意特征，色调最适合进行类别和群组的编码，而非表示不同数值。

色彩的另一个维度——强度——既可以编码数值，也可以编码类别。[②] 强度可以理解为颜色的透明度，因为在大多数常用的可视化程序中，最容易调整的参数就是透明度。强度为0时，颜色就和背景色相同。

一种常见的色调编码是用红色表示股价上涨，绿色代表股价下跌。一种常见的强度编码是用深浅不同的蓝色表示水深。蓝色越深，意味着水越深。

### 运用色彩编码的最佳实践

**色调区分大类，强度区分小类**

每个大类只用一种色调，大类下的小类用强度区分。图2.12

---

[①] 色彩理论足够写好几本深入的专著，事实上也确实有大量相关著作。我挑选出几个关键概念，强调色彩可以用来减轻认知负荷。除了多种线上工具外，读者也可以参考两本著作：斯蒂芬·菲尤（Stephen Few）的《给我看数字》（*Show Me the Numbers*），该书对色彩理论做了扎实的专业综述；南希·杜阿尔特（Nancy Duarte）的《演说：用幻灯片说服全世界》（*Slide:ology*），该书给出了色彩选择的实用指南。

[②] 强度结合了色彩的另外两个维度：饱和度和明度。本书中讲的强度更接近饱和度。更确切地说，饱和度为0会呈现背景色的透明效果，明度为0则会呈现黑色。

中给出了三种用色调编码调研结果的不同方式，第一个最不直观，第三个最直观。

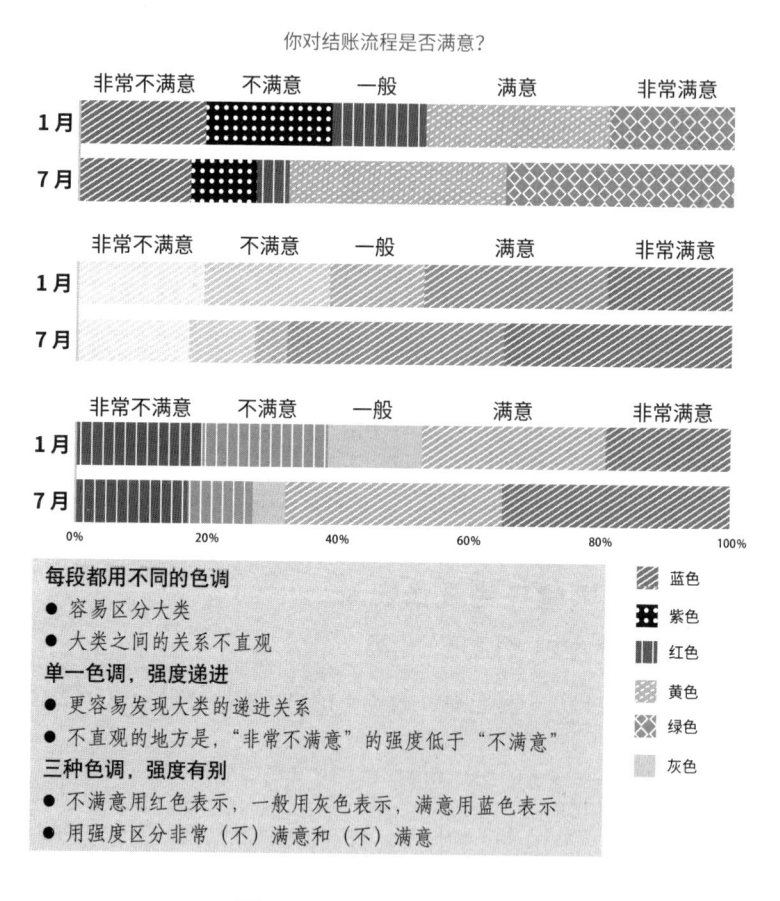

你对结账流程是否满意？

| | 非常不满意 | 不满意 | 一般 | 满意 | 非常满意 |

1月
7月

**每段都用不同的色调**
- 容易区分大类
- 大类之间的关系不直观

**单一色调，强度递进**
- 更容易发现大类的递进关系
- 不直观的地方是，"非常不满意"的强度低于"不满意"

**三种色调，强度有别**
- 不满意用红色表示，一般用灰色表示，满意用蓝色表示
- 用强度区分非常（不）满意和（不）满意

蓝色
紫色
红色
黄色
绿色
灰色

图 2.12　三种色调编码方式

### 用强度突出大类下的元素

用强度来突出某个视觉元素，从而将受众的注意力聚焦到它

上面。在图 2.13 右图中，区域 4 显得更突出，因为它采用了强度更高的黑色。如果讨论重点是区域 4，那就要通过强度让受众聚焦到该区域。

**强度有助于突出大类下的元素**

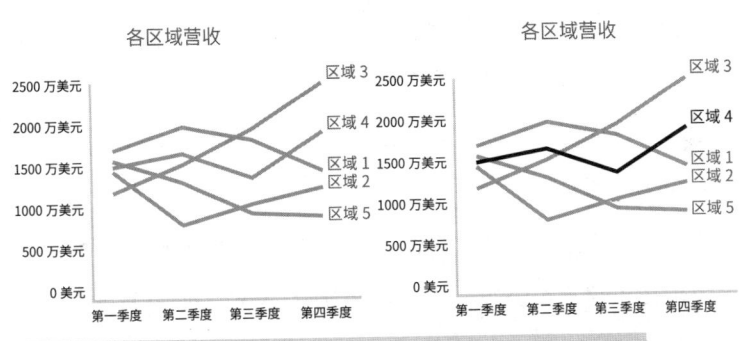

（左图）不突出区域。区域 3 最显眼，因为它的标签位于最上方。
（右图）突出区域 4，因为它的线条和标签强度更大。

图 2.13　强度的编码方式

### 用色不贪多

色调数量不能太多，以便减轻受众的认知负荷。在色调方面，知识的诅咒影响特别大。经过练习，人可以学会将多种不同颜色与不同类别对应起来。但面对不熟悉的颜色和类别，人们就很难快速解析了。因此，用色多对探索性数据可视化是有意义的，但在解释性可视化阶段是危险的。

### 规避色盲风险

如果受众超过 20 人的话，台下可能至少有一个人患有色觉障碍。要选择大多数受众都能区分的色调，查看黑白打印的呈现效果。要小心红绿组合和蓝绿组合，因为最常见的色觉障碍就是红绿色盲和蓝绿色盲。

**考虑用强度来编码定量变量（不要用彩虹色）**

定量变量要用强度来编码，不要用色调。另外，不要用彩虹色。尽管彩虹色在科学界内运用广泛，天气图中也常用，但学习难度大，不应用于解释性数据图。[①]

用强度编码定量变量时，你要做出一个选择。是采用连续色轴，每个数值对应一个不同的强度，还是将数值分成几组，每组采用同一个强度。一般来说，连续色轴能更好地反映数据，除非语境要求用离散分组，比如考试分数（90—100 分是 A，80—89.9 分是 B）。见图 2.14。

**强度编码数值**

**连续色轴**
**用于相对比较**

**区间分组**
**适用于数值分成离散组别的情况**

图 2.14　强度编码数值的方式

---

① 彩虹色广泛用于自然科学、工程和医学领域。和几乎所有编码一样，只要有足够多的经验，人就能学会解码彩虹色。大多数人都学会了解码天气图。然而，虽然用波长更长的光对应更大数值是通行规范，但大多数人似乎并不能轻易直观地理解一件事：为什么黄光的波长比蓝光长，所以黄色就要代表更大的值。彩虹色图不乏批判者，这里给出一篇参考文献：Steve Eddins, "Rainbow Color Map Critiques: An Overview and Annotated Bibliography," *Mathworks.com*, 2014, https://www.mathworks.com/company/newsletters/articles/rainbow-color-map-critiques-an-overview-and-annotated-bibliography.html。

## 运用格式塔原理创造意义

通过了解前注意特征，我们就能明白怎样用数据图对变量进行可视化编码。格式塔原则是帮助我们理解受众对变量的解码方式，尤其是帮助我们预测受众会如何组合视觉元素。

格式塔原理源于 20 世纪德国心理学家的研究成果，他们试图解释我们今天所说的"分块"过程。[1] 他们想要解释人脑建立视觉联系的原理。我们为什么会将虚线看成线条，而非一个个孤立的点？通过来自这些研究的原理，设计师可以开发出更符合直观的产品。你也可以将格式塔原理运用到数据图的选择中，让受众能够承受更低的认知负荷，进行更可靠的解码。

大部分数据图都利用四条核心格式塔原理，[2] 如图 2.15 所示。

---

[1] 格式塔原理心理学聚焦于人类感知的本质，不同于心理治疗中的格式塔原理疗法。
[2] 其他格式塔原理包括闭合、对称、连续、共同命运、过往经历。在格式塔理论家奠定的基础上，现代设计师还在持续添加新原理。本书聚焦于一组核心定律，我认为这些定律在静态数据图中应用最广。与其他讲解可视化的作者一样，我也加入了围合律。

元素分组基于以下原理：

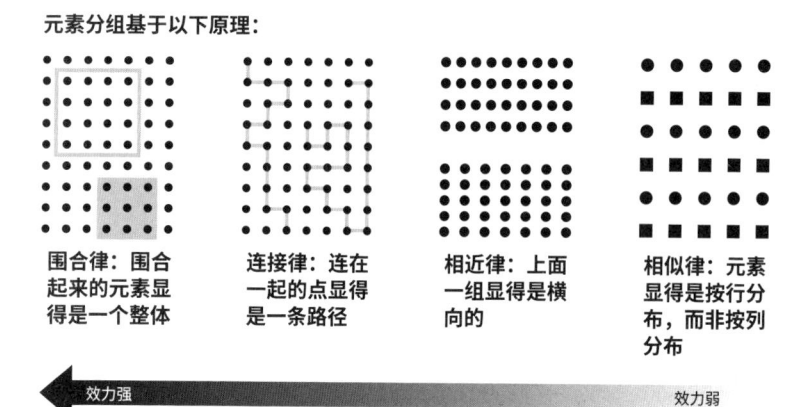

围合律：围合起来的元素显得是一个整体

连接律：连在一起的点显得是一条路径

相近律：上面一组显得是横向的

相似律：元素显得是按行分布，而非按列分布

效力强　　　　　　　　　　　　　　　　　　　　　　　　效力弱

图 2.15　元素分组原理

# 原理有主次

因为有些格式塔原理的视觉效果较强，所以通过对原理进行组合，变换不同元素的强度，我们就可以改变最突出的元素，影响受众的分块模式，如图 2.16 所示。

相似律为主　　　　　连接律为主　　　　　围合律为主

图 2.16　不同原理组合的主次

例子中的每对图形都有一对圆形和一对三角形组成，圆形和

三角形都有相同的形状和色调。大多数人看到最左边的一对时，都倾向于认为是纵向排列。圆形分成一块，三角形分成另一块。在中间的一对中，占据主导地位的格式塔原理是连接律。大部分人会认为是横向排列。圆形和三角形之间的连线压倒了相似律。在最右边的一对中，围合的圆形占据了主导地位，大多数人的注意力完全集中在两个圆形上。

对格式塔原理有了认识后，你应当小心运用。因为某些原理的效果太好，所以很多人喜欢用画圈和加粗的形式来凸显重点。你应当反其道而行之，采用爱德华·塔夫特（Edward Tufte）所说的"最小有效差"。要使用能达到期望效果的最弱原则，这样制作出来的数据图既能抓住受众，又不会让受众视觉过载。

## 围合律

我们会将视觉上围合的元素当作一组。外框和区域涂色都是围合的例子。围合的效果很强。如果不需要围合就能起到强调效果，那就不要用围合。

### 运用围合律的最佳实践

#### 用强度和色调代替围合来聚焦重点

围合是视觉效果最强的强调方式之一，容易将其他元素湮没，包括沟通者打算突出的元素在内。围合一般是上级领导改图时会用的，目的是在不重新画图的前提下，快速突出某个点。为了强调一个数据点，不一定要把它围合，可以考虑淡化其他元素，从而让关键数据显得更突出，如图 2.17 所示。

**围合会将注意力吸引到圈起来的区域**

员工选择加入一家公司的原因

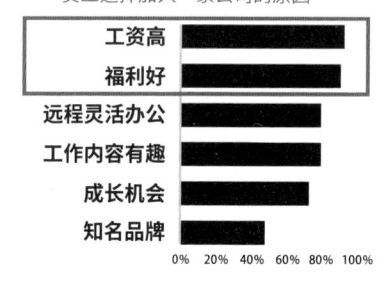

**用色调和强度来聚焦数据**

员工选择加入一家公司的原因

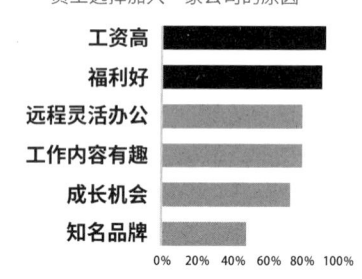

图 2.17　两种方式的对比

**分散围合分组**

围合常用于分组,哪怕是分散使用,也能起到压倒性的效果。要忍住加方框或圆圈的诱惑,那会产生多个突出点,反而削弱每个点的效力。要按照重要程度建立信息层级,然后用不同的强度等级来表示信息层级,如图 2.18 所示。

**多处围合争夺受众的注意力**

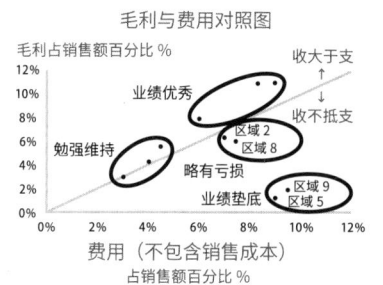

毛利与费用对照图

**只有一处围合,注意力聚焦**

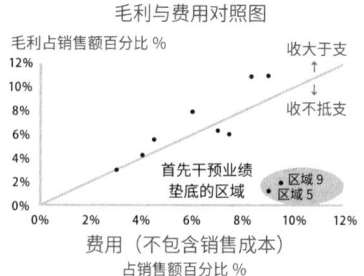

毛利与费用对照图

图 2.18　多处围合与一处围合的对比

## 连接律

我们会将视觉上相连的元素当作一组。折线图就是利用了这条原理,将各点连接起来,从而营造出线性变动的感觉(通常是沿着时间变动)。

### 运用连接律的最佳实践

#### 视觉上相连的点必须有概念关联

用线连接起来的要素必须有概念关联。如图 2.19 所示,左侧的折线图就不恰当,因为产品与产品之间并无概念关联。产品的类别各不相同,最好用柱形图呈现。最常采用线性编码的变量是时间,因为这反映了随着时间变动的基础概念。

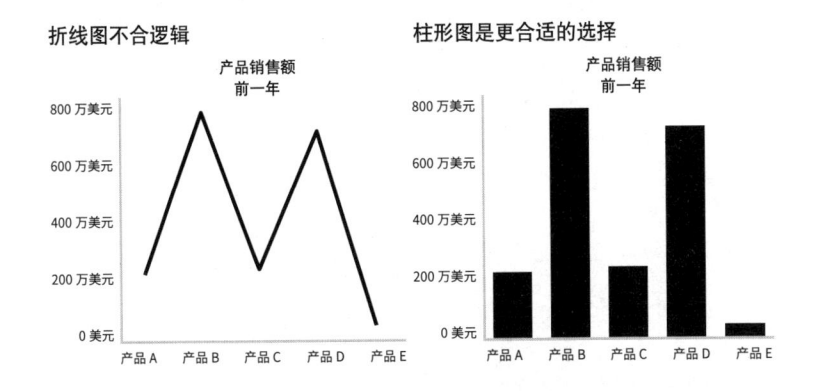

图 2.19 折线图与柱形图的对比

## 相近律

我们会将靠近的元素视为属于同一个组别。

## 运用相近律的最佳实践

### 利用相近律来省掉图例

图例会加重受众的认知负荷，让他们不得不频繁转移视线，查看图中标示的类别。运用相近律可以让标签更直观，从而减轻认知负荷。

### 标签要紧贴对应的元素

人眼对远近非常敏感。在给数据图上的点或线加标签时，要让标签和对应元素离得尽可能近。远近的细小变化可能会对受众理解产生不成比例的影响。见图 2.20。

**图例让受众不得不费力寻找关键信息**　**折线标签更直观，减轻认知负荷**

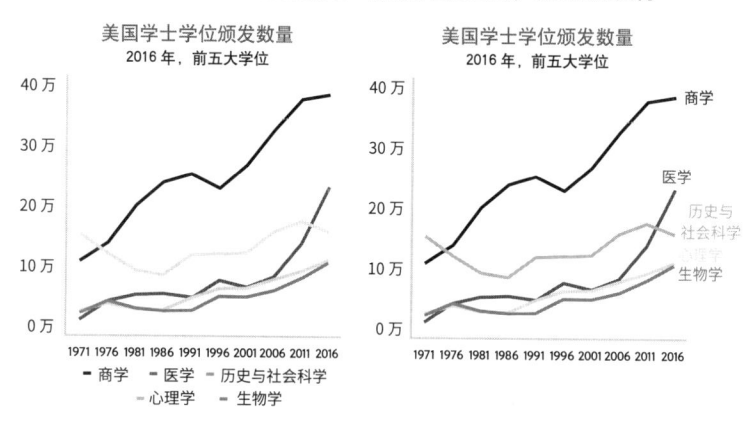

美国学士学位颁发数量
2016 年，前五大学位

图 2.20　标签的作用

来源：美国教育部国家教育统计中心，《高等教育综合信息调查》(HEGIS)。

## 相似律

我们会认为相似的东西属于同一组。运用这条原理,你可以让关联变得更清晰。标签和对应线条要采用相似的颜色,有助于强化两者之间的联系。

### 运用相似律的最佳实践
**利用相似性强化标签的指代对象**

标签和对应元素颜色要对应,以便进一步强化关联,如图 2.21 所示。

**标签与元素颜色一致,减轻认知负荷**

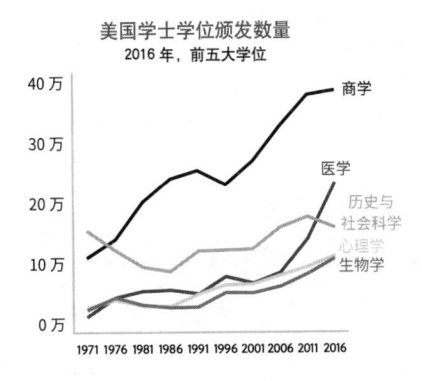

美国学士学位颁发数量
2016 年,前五大学位

图 2.21 标签与元素颜色对应

# 本章关键概念

虽然人类很擅长发现视觉关系,但我们在同一时间只能看到一个信息块,而且我们的注意力会被最突出的元素吸引。本章关键概念见表2.3—表2.5。

表2.3 我们在数据图里看到了什么

| 我们看到了 | 意义 | 启示 |
| --- | --- | --- |
| 关系 | 我们看到了关系、模式和例外 | 只有在探究或展示关系时,才能用数据图 |
| 块 | 我们在心里将视觉元素分块,只能记住看到的少数块 | 要将视觉元素分成几个独立的组别,方便受众解码 |
| 突出性 | 我们会看到最突出的元素。同一时间内只有一个元素是最突出的 | 确定图中最重要的元素,然后在视觉上最突出它 |

表2.4 利用前注意特征编码数据

| 前注意特征 | 常用编码对象 | 编码类型 | 最佳实践 |
| --- | --- | --- | --- |
| 大小 | 数值 | 高度,宽度,面积 | 柱形图以0为原点,不要截断y轴 |
| 位置 | 数值 | 点,线,盒 | 尽可能以上为多 |
| 色调 | 类别 | 单色,多色 | 颜色数量不能太多,要考虑色盲人群。用色调区分大类 |
| 强度 | 类别,强调 | 连续,离散 | 用强度区分大类下的小类 |

表 2.5 适当运用格式塔原理，方便受众解码

| 格式塔原理 | 例子 | 最佳实践 |
| --- | --- | --- |
| 围合律 | 带颜色的外框，阴影区域 | 强度能起到强调效果，就不要用围合 |
| 连接律 | 线，箭头 | 视觉上相连的点一定要有概念关联 |
| 相近律 | 标签，注释 | 标签加在图内。尽量不要在图外加图例和注释 |
| 相似律 | 用颜色或形状表示类别 | 相互关联的元素要用相似的形状和颜色 |

## 就算别的都记不住……

同一时间内能够主动处理的块数有严格限制。一般来说，我们一次能够处理三到四个块。

所有要素都突出，那就全都是噪声了。

如果数据确实需要复杂呈现，那请问一问自己：能不能把概念分到多张图中展示，从而减轻认知负荷。

### 📖 习题：拆解数据图

分析图 2.22 和图 2.23 所示的两幅数据图。找出每一个用于编码信息的前注意特征，以及每一条表明数据关系的格式塔原理。在图中列出的数据之外，观察设计者用来减轻读者认知负荷的各

种手段。请记住，同一条原理可以多次运用，运用方式各不相同。

**美国股市**

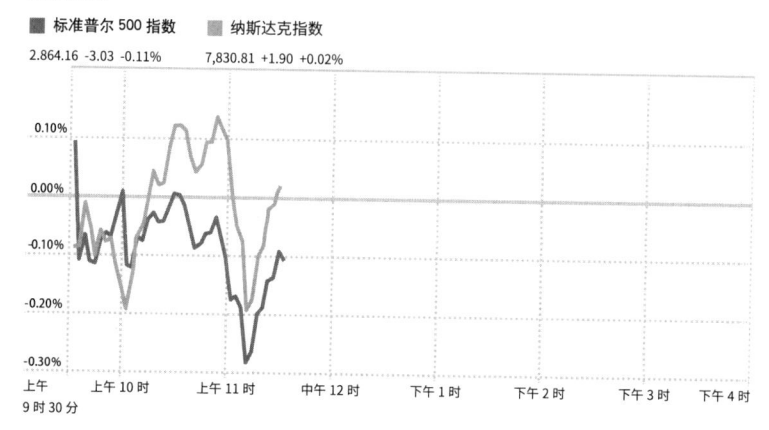

■ 标准普尔 500 指数　■ 纳斯达克指数
2,864.16　-3.03　-0.11%　　7,830.81　+1.90　+0.02%

图 2.22　习题 1

来源：改编自《纽约时报》股市大盘。https://markets.on.nytimes.com/research/markets/overview/overview.asp. Accessed 4/2/2019 at 11:34 am。

填写表 2.6 和表 2.7。

表 2.6　习题 1-1

| 前注意特征 | 编码了什么数据 |
| --- | --- |
| 大小（高度、宽度、面积） | |
| 位置（点、线、盒） | |
| 强度 | |
| 色调 | |

表 2.7 习题 1-2

| 格式塔原理 | 表明了什么特征 |
| --- | --- |
| 围合律 | |
| 连接律 | |
| 相近律 | |
| 相似律 | |

**过去 30 天内平均每周锻炼时间**

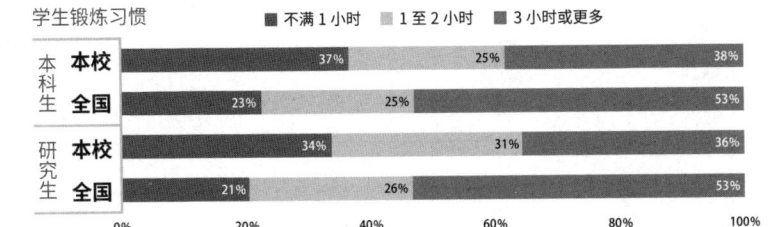

学生锻炼习惯　■ 不满 1 小时　■ 1 至 2 小时　■ 3 小时或更多

| | | 0% | 20% | 40% | 60% | 80% | 100% |
|---|---|---|---|---|---|---|---|
| 本科生 | 本校 | | 37% | | 25% | | 38% |
| | 全国 | 23% | | 25% | | | 53% |
| 研究生 | 本校 | | 34% | | 31% | | 36% |
| | 全国 | 21% | | 26% | | | 53% |

**锻炼的定义是**：任何中等强度或以上的运动形式。"中等强度"大致相当于快走或骑自行车。

图 2.23　学生锻炼习惯

填写表 2.8 和表 2.9。

表 2.8　习题 2-1

| 前注意特征 | 编码了什么数据 |
| --- | --- |
| 大小（高度、宽度、面积） | |
| 位置（点、线、盒） | |

续 表

| 前注意特征 | 编码了什么数据 |
| --- | --- |
| 强度 | |
| 色调 | |

表 2.9 习题 2-2

| 格式塔原理 | 表明了什么特征 |
| --- | --- |
| 围合律 | |
| 连接律 | |
| 相近律 | |
| 相似律 | |

PART II

第二部分

# 数据设计

如何设计出高效的数据图和幻灯片

第三章

# 选择数据图类型

―

针对你的数据

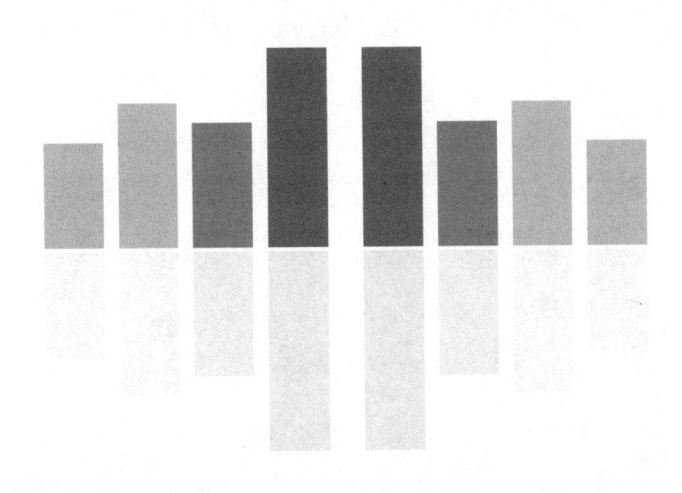

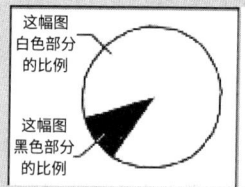

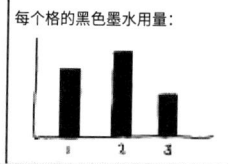

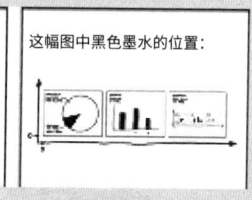

| 这幅图白色部分的比例 / 这幅图黑色部分的比例 | 每个格的黑色墨水用量： | 这幅图中黑色墨水的位置： |

　　数据图利用了我们发现数据关系的能力。因此，要选择最好的数据图类型，首先要明白你想要突出的数据关系。本章介绍了主要的关系种类，进而深入到呈现这些关系的最佳实践和常用数据图类型。章末习题要求你根据数据关系将数据图进行分类概述，目的是检验识别数据关系的能力。

# 根据数据关系选择数据图类型

数据图将数据分块并凸显重要的对照关系,从而将数据关系可视化。确定底层关系是选择适当数据图类型的关键。要想提升选择数据图的能力,首先要确定你想要强调的底层数据关系,然后让这个关系指导你选择数据图。

本章会聚焦于最常见的数据关系和数据图类型。这些数据图涵盖了大部分场景,各类受众都会觉得司空见惯。司空见惯是特征,不是毛病,能让受众用更少的认知负荷来解码数据图。大多数可视化工具都支持这些数据图。数据图的目的是将受众的注意力聚焦到底层数据上,而不是聚焦到编码数据的图像上。[1]

如表 3.1 所示,常见的数据关系有五种,下面将一一进行说明。

---

① 本书预设的是一般工作场景,受众要为数据所涉及的决策投入资源,沟通的主要目标是尽可能高效地传达底层数据。如果数据图的目标不是这样,比如要打造网络爆款,那就有理由采用非常规的数据图形式和不常见的设计样式。但对大部分日常可视化活动来说,熟悉会带来清晰,你应当借助这一点来减轻受众的认知负荷。

表 3.1 五种常见的数据关系[1]

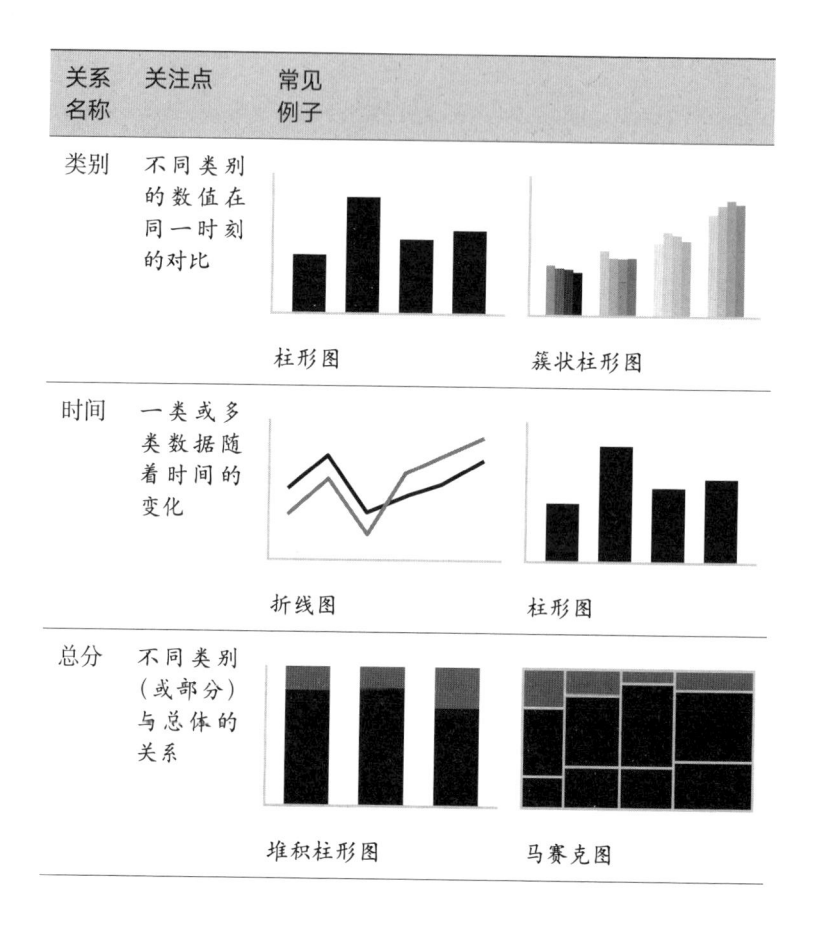

| 关系名称 | 关注点 | 常见例子 | |
|---|---|---|---|
| 类别 | 不同类别的数值在同一时刻的对比 | 柱形图 | 簇状柱形图 |
| 时间 | 一类或多类数据随着时间的变化 | 折线图 | 柱形图 |
| 总分 | 不同类别（或部分）与总体的关系 | 堆积柱形图 | 马赛克图 |

---

[1] 本表和后文中的所有常见对照用词表都来自斯蒂芬·菲尤的《给我看数字》，后者又是基于基恩·泽拉兹尼（Gene Zelanzy）的《用图表说话》（*Say It with Charts*）。两本书都是出色的读物。菲尤等人常常会把"分类排序""偏离基线""地理方位"也纳入常见数据关系。此处省略地理方位既是为了避免烦冗，也是因为并非所有绘图程序都支持地图。"分类排序"是放在"类别"和"总分"关系中探讨的，因为大部分人倾向于认为，分类排序是那两种关系的特殊情况。同理，"偏离"几乎总是包含类别或时间成分，所以也放在对应部分中探讨。

续 表

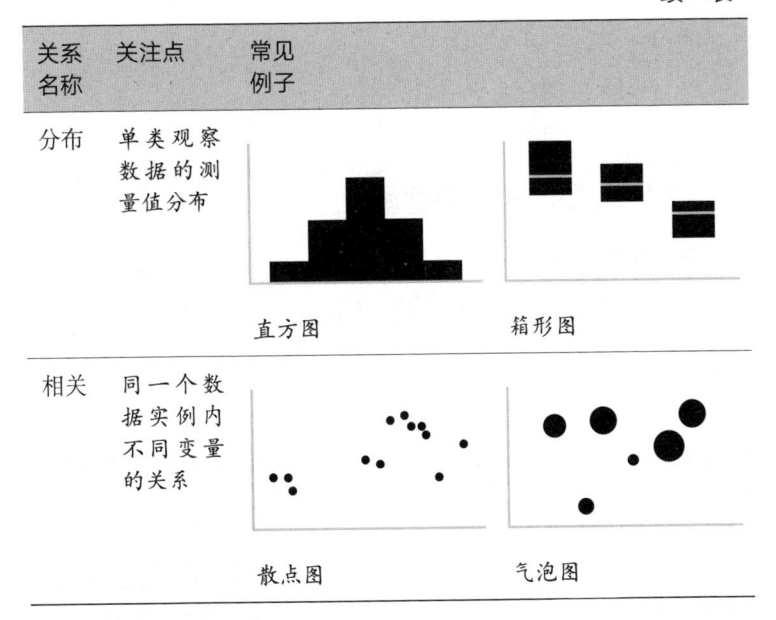

| 关系名称 | 关注点 | 常见例子 | | |
|---|---|---|---|---|
| 分布 | 单类观察数据的测量值分布 | 直方图 | | 箱形图 |
| 相关 | 同一个数据实例内不同变量的关系 | 散点图 | | 气泡图 |

## 类别关系

类别关系是比较同一个指标在不同类别下的值。这是最常见、最直观的数据关系。

**表示类别关系的词语**
任何与类别成对出现的数量值

## 场景示例

- 不同产品的销售额；
- 不同本科专业的毕业率；

- 不同销售人员的平均成交额；
- 不同织物类型的耐久度；
- 不同人群的广告观看量。

## 类别关系的常用数据图

### 柱形图

类别关系最适合用常见的柱形图呈现，见图 3.1。我们之所以选择柱形图，往往是因为受众熟悉这种数据图，认知负荷小。

**默认的纵向柱形图**

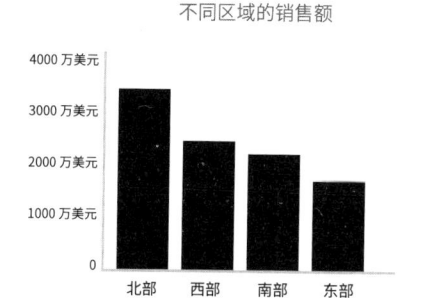

不同区域的销售额

**横向柱形图，适用于标签长或项目多的情况**

不同产品的销售额

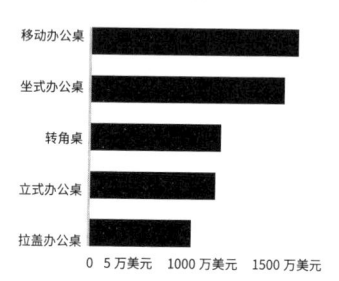

图 3.1 柱形图的两种形式

### 纵向柱形图的适用情况

- 类别比较为主；
- 比较项目的数量有限；
- 标签适合横排。

**横向柱形图的适用情况**

- 类别太多，一字排开放不下；
- 类别名称太长，在纵向柱形图里只能斜着放；
- 有多个类似的纵向柱形图，将其中一部分改为横向能避免混淆。

### 簇状柱形图

簇状柱形图可以进行两个类别间的比较。在选择这种数据图之前，要确保跨类比较是有意义的。只有当两张图确实无法表现出数据关系时，才可以用簇状柱形图。

要确定簇状图的设计，就要判断哪一个类别的比较为主，哪一个为辅。为主的一类要把柱子贴在一起，这是运用了格式塔原理的连接律，所以更方便受众观看[1]，如图 3.2 所示。

图 3.2 中的例子比较了不同聚类选择的影响。第一幅图主要是比较每一年内各区域的销售额，历年比较是次要的。

第二幅图主要是比较每个区域在四年中的表现。区域间比较虽然是次要的，但在第二幅图中也容易看到，因为组内销售额的变化幅度小于第一幅图。两种比较都是合理的数据组织方式。具体选择哪一种聚类形式，要看你想要强调哪一种比较。

---

[1] 关于格式塔原理的讨论，见第二章。

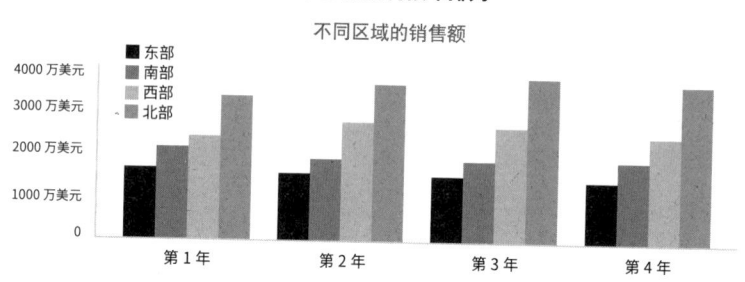

**先把同一年各区域的数据放在一起，然后再按年排列**

不同区域的销售额

**先把各个区域的历年数据放在一起，然后按区域排列**

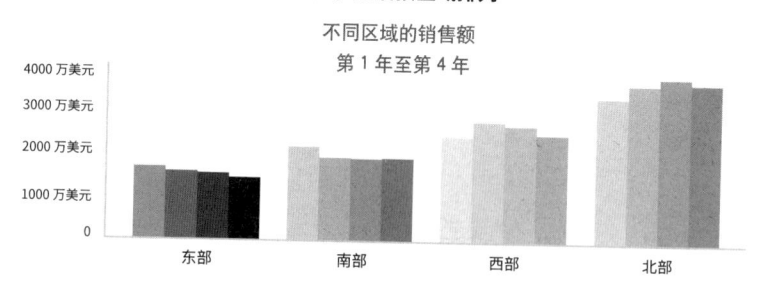

不同区域的销售额
第 1 年至第 4 年

图 3.2　不同聚类选择下的簇状柱形图

# 呈现类别关系的最佳实践

## 分类要有意义（通常是基于数据）

数据分类排序一定要有意义。图 3.3 左图中的数据按照字母顺序排列。右图中的数据按销售额大小排列。按大小排序能让受众评估各区域的排序，也方便比较。除非有其他对受众有意义的排序方式，否则类别数据一般都是按照大小排序。

**不要按类别名称排序**

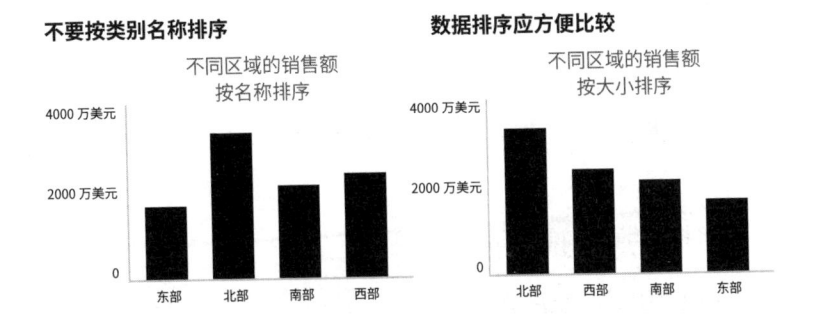

不同区域的销售额
按名称排序

**数据排序应方便比较**

不同区域的销售额
按大小排序

图 3.3 数据排序方式的比较

# 时间关系

时间关系比较的是相同类别内不同时间点的情况。时间通常设为 x 轴，以左为早，以右为晚。[1]

**表示时间关系的词语**
- 变化
- 上升
- 增加
- 波动
- 增长
- 降低
- 下降
- 减少
- 趋势

## 场景示例

- 产品营收增长；
- 订阅用户活动的变化；

---

[1] 我的弟媳是一名财务，上司曾要求她在年报里加入数据图，目的是"增加趣味性"。经过领导几轮修改，整个财务部门终于要跟 CEO 见面敲定。公司 CEO 礼貌地提出了一项要求："请让数据图与时俱进，这也是我们对公司的殷切希望。"原来财务人员之前是把时间从右往左排列的。他们很快意识到，之前没有一个人注意到时间方向"搞错了"：会计报表总是把最近的年度或季度放在左侧，紧贴文字标签。财务人员制作数据图时，直接沿用了财务报表。知识的诅咒让他们没有发现失误。

— 061 —

- 一天内的吞吐量；
- 订单量趋势；
- 服务器正常工作率（30 天区间）。

## 时间关系的常用数据图

### 折线图和柱形图

时间关系通常用折线图或柱形图来表示。两者分别强调了数据的不同侧面，因为它们将数据分成了不同的块。[①] 折线强调数据的总体形状和趋势。柱形图强调数值对比。

因为我们倾向于将每条线视为一个单独的块，所以下方折线图强调的是趋势。这幅折线图聚焦于销售额的全年变化态势，强调销售额的逐月增长情况。在关于后半年需要增加多少新员工的讨论中，这幅折线图是有用的。

相同的数据换用柱形图来表示，就是强调单个月份，淡化总体趋势。在关于特定月份业绩和月份业绩对比的讨论中，这幅柱形图是有用的。在图 3.4 中，销售额一般会在每个季度的最后一个月跃升，这种情况常见于按照季度收入目标来决定销售团队提成的公司。柱形图可用于主张调整每个季度前两个月的销售激励手段，减少剧烈波动。

---

① 关于块的讨论，见第二章。

**连续折线图强调全年趋势**
月度收入

**离散柱形图强调单月绩效**
月度收入

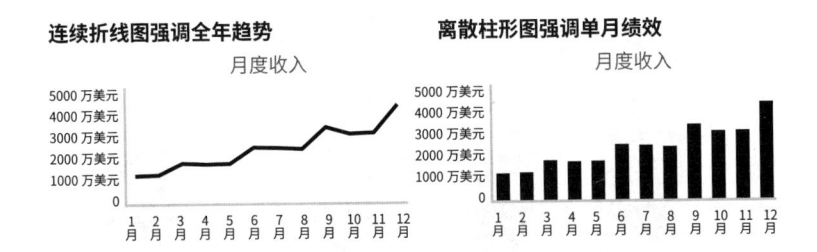

图 3.4 相同数据下，折线图和柱形图的对比

### 连续折线图适用情况

- 强调数据的总体形状；
- 讨论焦点是模式和趋势。

### 离散柱形图适用情况

- 强调个别数值；
- 讨论焦点是特定时间点之间的比较。

## 呈现时间关系的最佳实践

### x 轴上的时间要等距分布

x 轴上的时间段要长度相等，不能忽长忽短。如果收集的数据有间断，那在折线图中要通过间隙或断点形式表现出来。在比较不同时期的柱形图中，应制作多个共用 y 轴的数据图，如图 3.5 所示。

**比较不同时间段，要制作多个共用 y 轴的数据图**

顾客购买类型

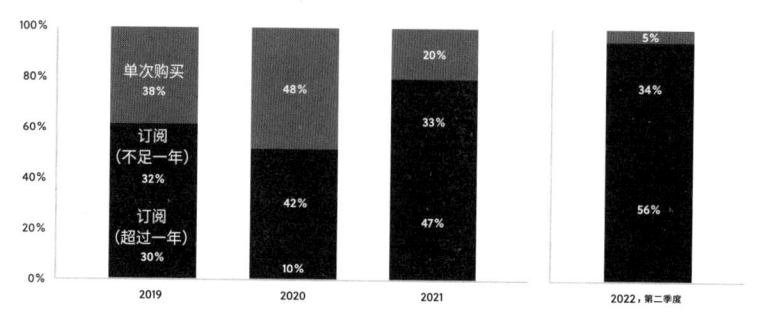

图 3.5　共用 y 轴的数据图

## 选择有意义的时间间隔

沿用你收集的数据——或者别人交给你的数据——的原有间隔，未必是向受众展示数据关系的最有效方式。时间间隔太密可能会凸显噪声，模糊了数据蕴含的模式。时间间隔太宽则可能会忽略受众需要了解的模式。适当的间隔要由关系的性质决定。

图 3.6 中的例子用不同的时间间隔来比较相同的数据。左图是月度数据，我们看不清顾客对一项产品特性的满意度的有意义变化趋势。右图仅仅分了两期，强调整体趋势，淡化噪声。这种两点式折线图被称为坡度图。

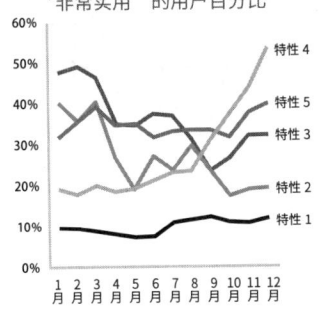

图 3.6 减少时间间隔数量的折线图

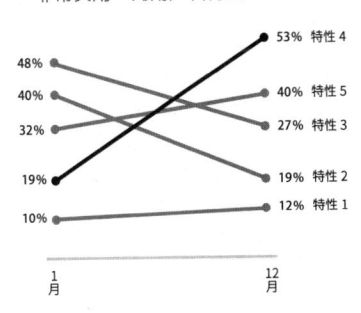

图 3.7 中的情况恰好相反。网站周末和工作日的流量存在显著变化，间隔过宽则无法体现出这一点。

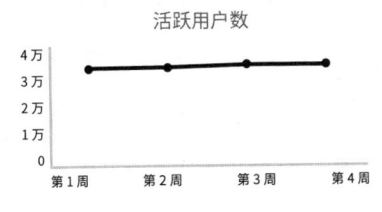

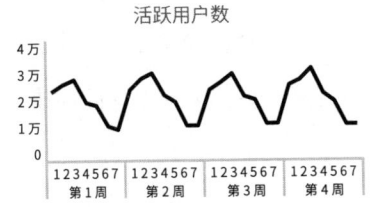

图 3.7 增加时间间隔数量的折线图

## 总分关系

总分关系有两层含义，一是将总体分成各个部分，二是各个部分的相对比重。你学习的第一种数据图很可能是饼图，而饼图表现的就是总分关系。

> **表示总分关系的词语**
> - 份额或占总体份额
> - 百分比或占总体百分比
> - 组合

## 场景示例

- 供应商份额；
- 成本构成；
- 市场格局；
- 消费者组合。

## 总分关系的常用数据图

### 堆积柱形图

总分关系图借助格式塔原理的连接律，呈现各个部分是如何构成了总体。但这里要做出权衡，一边是方便比较个别数值，另一边是强调部分与总体的构成关系，如图 3.8 所示。

**堆积柱形图强调部分与总体的构成关系**

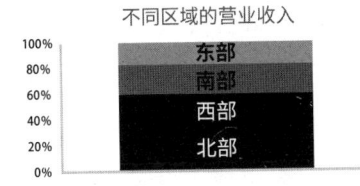

不同区域的营业收入

**簇状柱形图便于观察个别数值**

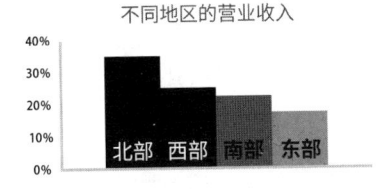

不同地区的营业收入

注：区域营业收入总和为公司销售额的100%。

图 3.8　堆积柱形图与簇状柱形图

**堆积柱形图的适用场景**

- 强调各个部分是如何构成了总体；
- 可以通过排序方式，帮助受众了解哪些部分较大，哪些较小；
- 包含所有部分。这种数据图不得省略总体的任何一个组成部分。

**簇状柱形图的适用场景**

- 强调各个部分的比重；
- 不一定呈现所有部分；
- 可以通过加注或语境暗示的方式，强调图中部分总和比例为100%。

我们比较图 3.8 中两个例子。左边的堆积柱形图强调四个区域合起来是公司营业收入的100%。然而，我们难以解码每个区域贡献的销售额百分比是多少。

右图能方便受众读取每根柱的数值，但我们不能确定图中各区域合起来就是公司的全部销售额。受众要自己把数值加总，检验加起来是不是100%，从而承担了额外的认知负荷。要留意这种权衡关系。选择的数据图类型要强调数据关系中最重要的维度，并且将其他相关细节用注释点明。

如果总分关系非常重要，有理由让受众承受更大的认知负荷，那还可以选用另外两种更复杂的数据图，即瀑布图和马赛克图。

### 瀑布图

瀑布图是将堆积柱形图横向拆分，强调每个类别比某个基准值大多少或小多少。不同于堆积柱形图，瀑布图可以有负值，而且能够表现出各个部分的次序。瀑布图还可以加入色调等编码，而不至于像多色堆积柱形图那样显得杂乱。[1]

瀑布图适用于流入（比如收入）和流出（比如支出）合起来构成整体的情况。如果各个部分之间的次序有意义的话，比如流程步骤，那瀑布图也会有价值，如图3.9所示。

---

[1] 关于色调的讨论，见第二章。色调很接近日常用语里的"颜色"，但这里是与其他调节颜色的维度相区分，比如强度。

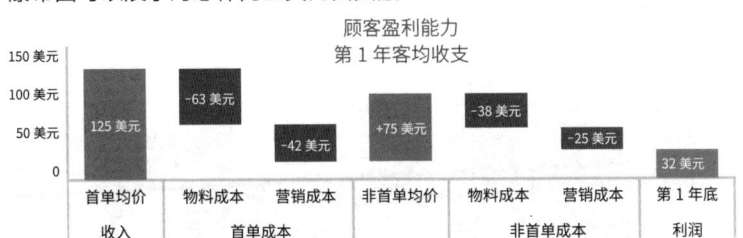

瀑布图可以展示对总体的正负两面贡献

顾客盈利能力
第1年客均收支

| | | | | | | | |
|---|---|---|---|---|---|---|---|
| 125美元 | -63美元 | -42美元 | +75美元 | -38美元 | -25美元 | | 32美元 |
| 首单均价 | 物料成本 | 营销成本 | 非首单均价 | 物料成本 | 营销成本 | | 第1年底 |
| 收入 | 首单成本 | | | 非首单成本 | | | 利润 |

图 3.9　用瀑布图展示顾客盈利能力

**瀑布图的适用场景**

- 总体中既包含正的部分，也包含负的部分；
- 除了数值相加以外，还有其他有意义的次序；
- 受众对话题足够感兴趣，能够容忍相当程度的认知负荷。

## 马赛克图

马赛克图有时被形容为"方饼图"，同时利用高度和宽度来编码数据。每根柱子的宽度代表大类的总值，高度代表大类下的各个小类的值。与簇状柱形图一样，马赛克图也可以用于大类内部或大类之间的比较，见图 3.10。马赛克图浓缩了大量信息。对受过训练的人来说，信息密度大的马赛克图非常好用，但对没有受过训练的人来说，马赛克图会带来明显的认知负荷。

**马赛克图用一张图呈现两个类别下的总分关系**

一周内每日各时段餐厅收入

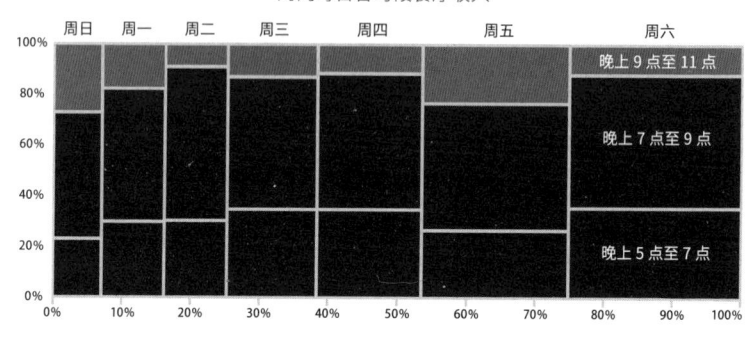

图 3.10 马赛克图

## 马赛克图的适用场景

- 呈现两个类别的总分关系；
- 理解这种数据图需要大量讲解，受众能够容忍这一点。

图 3.10 中的例子体现了一家餐厅过去一周的收入分析。竖列表示当周的各日，每列分成三个部分，分别代表晚上 5 点至 7 点、7 点至 9 点、9 点至 11 点这三个主要的就餐时段。如图所示，周五和周六占到一周收入的近 50%，每天人气最旺的时段都是晚上 7 点至 9 点。

马赛克图有时叫作 mekko 图，得名于芬兰纺织设计公司 Marimekko，该公司以大胆的彩色几何图案闻名。马赛克图常常用来表示多级市场细分矩阵。

## 呈现总分关系的最佳实践

### 类别比较一定要有共同的基准线

堆积柱形图的一个缺点是，柱子中段的各个部分难以相互比较，因为没有共同的基准线，如图 3.11 所示。制作堆积柱形图时要记住一点，必须有共同的基准线，受众才容易进行比较。

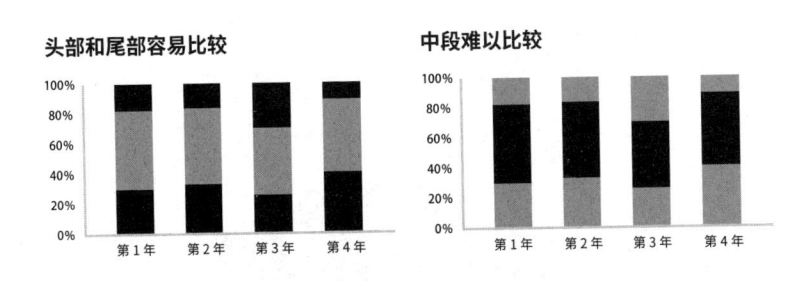

**头部和尾部容易比较**

**中段难以比较**

头部和尾部有共同的基准线，因此比中段更容易比较。

图 3.11　堆积柱形图的类比

### 各部分排序一定要有意义

与所有类别比较一样，总分关系下的各部分排序也一定要有意义——通常是按照从大到小的顺序。这有助于受众区分大小相近的部分。

其他有意义的排序也可以采用。前面餐厅的收入马赛克图是按时间排序——横向是一周七天，纵向是一天的三个就餐时段——而不是从大到小排列。尽管这样做导致晚上 7 点到 9 点时段的收入难以比较，但对这个数据而言，时间排序是有意义的。

相比于按收入多少给每天的时段排序，时间顺序会更直观。

### 尽量不要用饼图，除了有限的场景以外

饼图是最广为人知的数据图之一。作为大多数人最早学到的图表之一，几乎所有人都能一眼看出来饼图表示总分关系。虽然有受众熟悉这个优点，但饼图在数值识读方面会给受众带来巨大挑战，如图 3.12 所示。

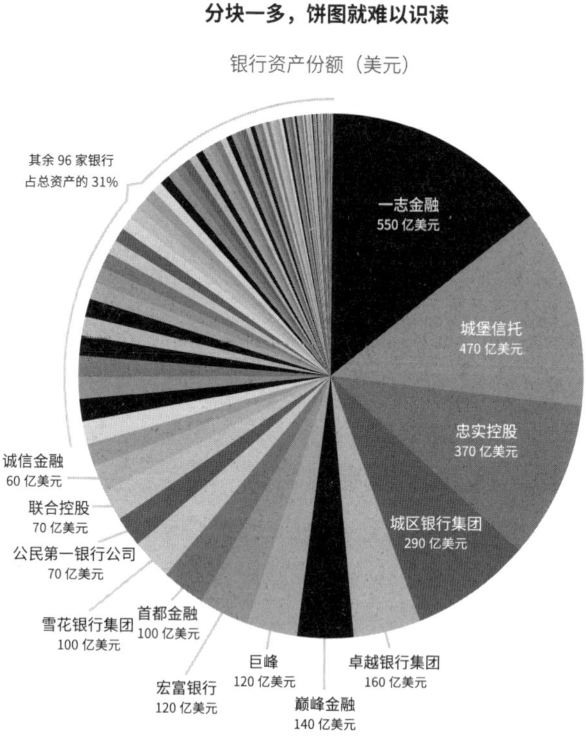

**分块一多，饼图就难以识读**

银行资产份额（美元）

- 其余 96 家银行占总资产的 31%
- 一志金融 550 亿美元
- 城堡信托 470 亿美元
- 忠实控股 370 亿美元
- 城区银行集团 290 亿美元
- 卓越银行集团 160 亿美元
- 颠峰金融 140 亿美元
- 巨峰 120 亿美元
- 宏富银行 120 亿美元
- 首都金融 100 亿美元
- 雪花银行集团 100 亿美元
- 公民第一银行公司 70 亿美元
- 联合控股 70 亿美元
- 诚信金融 60 亿美元

图 3.12　银行资产份额饼图

来源：银行名称由 FantasyNameGenerators.com 生成。

由于饼图的种种缺点，很多可视化专家都不提倡，甚至直接禁止使用饼图。在认真考虑过它的不足之后，你应当少用慎用饼图。

饼图有两大缺点。第一，受众难以精确比较各个部分的大小。第二，除了最大的几个部分外，其余部分的标签难以辨认。如图 3.12 所示，饼图中大小相近的部分很难比较。排列顺序暗示了每个部分的大小关系，但任何一个部分的百分比都难以估算。另外，只要部分数目稍微多一点儿，饼图就很难加标签了，最小部分的标签更是没法识读。[1] 一般来说，柱形图可以更精确、更清晰地传达同样的信息。

饼图有一个重大优势：熟悉。人们知道饼图传达的是总分关系，而且各个部分合起来就是总体，哪怕具体数值难以识读。

**饼图只在有限场景下值得考虑。如果下列条件都满足的话，那么或许可以使用饼图。**

- 总体只包括几个部分；
- 各部分之间差距大且明显；
- 没有小的部分（或者可以合并为"其他"）；
- 重点在于展示总体的所有组成部分，而非部分之间的比较；

---

[1] 如果你想深入了解饼图之争的话，最好从罗伯特·科萨拉（Robert Kosara）入手。他与德鲁·斯考（Drew Skau）合作研究的成果《饼图研究结果图文导览》("An Illustrated Tour of the Pie Chart Study Results") 很有启发性，文章本身也是优秀解释性可视化的示例。

- 受众不习惯以图片化方式获取信息。

# 分布关系

分布是将一个类别按照类别内项目的数值进行分解。分布关系常常与总分关系混淆。分布是将一个类别细分成若干值域,划分标准是该类别测量的数值,比如组织规模或买入价。总分关系是按照类别来划分数据,比如区域或供应商,而非一个类别内的定量指标,比如订单金额或响应时间。在一个类别内的项目不服从正态分布的情况下,分布数据图的用处最大。①

> **表示分布关系的词语**
> - 频率
> - 集中度
> - 分布
> - 值域
> - 正态曲线、正态分布、钟形曲线

## 场景示例

- 订单金额分布;
- 响应时间分析;
- 耗电量范围。

---

① "钟形曲线"是正态分布的直观呈现形式。

## 分布关系的常用数据图

### 直方图和频率多边形

最常见的分布数据图是直方图。直方图将数据分成多个不同的值域,称为"区间"(bin)。按照惯例,直方图的柱子之间是没有间隔的,如图 3.13 左图所示。除非受众用过统计分析软件,否则未必能通过这个惯例认出直方图。要认真做好标签,准备好向受众解释这种数据图。

此外,还有一种方法来比较多个分布,那就是用一条折线来表示每个分布,如图 3.13 右图所示。这种折线图叫作频率多边形,它不表示数值随时间的变化,而是表示分布情况。与所有折线图一样,如果类别数目过多,或者频繁交叉的话,频率多边形就不容易看清了——所以要限制类别的数目。

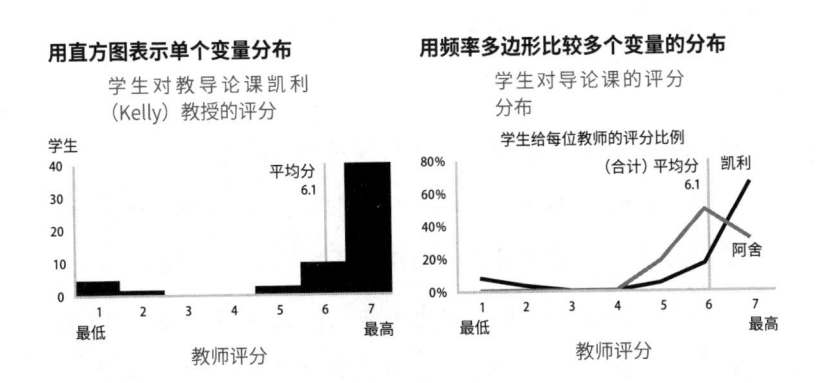

**用直方图表示单个变量分布**
学生对教导论课凯利(Kelly)教授的评分

**用频率多边形比较多个变量的分布**
学生对导论课的评分分布

图 3.13 用直方图表示单个变量分布(左);用频率多边形比较多个变量的分布(右)

**直方图的适用场景**

- 表示单个变量的分布；
- 受众熟悉直方图。

**频率多边形的适用场景**

- 比较多个变量的分布；
- 变量的量纲具有可比性，或者可以转化为百分比；
- 标签和语境因素能降低频率多边形被误认为时间序列的可能性。

### 箱形图

箱形图发明于 20 世纪 60 年代末，是一种比较新的数据可视化工具。商业领域的受众往往需要沟通者做大量讲解，因为箱形图种类很多，而且需要受众对抽象统计概念（比如四分位）有直观认识。

图 3.14 中箱形图比较了一家公司不同岗位员工的工资范围。每个类别都分成了两个箱子。箱子中间的线表示该岗位的工资中位数。下面的箱子表示该岗位的最低工资到工资中位数，上面的箱子表示该岗位的工资中位数到最高工资。通过箱形图，受众可以发现，销售经理的工资中位数略低于营销经理的工资中位数，但销售经理的工资范围大得多。工资最高的销售经理赚的钱远远多于工资最高的营销经理。

**箱形图将多个统计量浓缩为一张图**

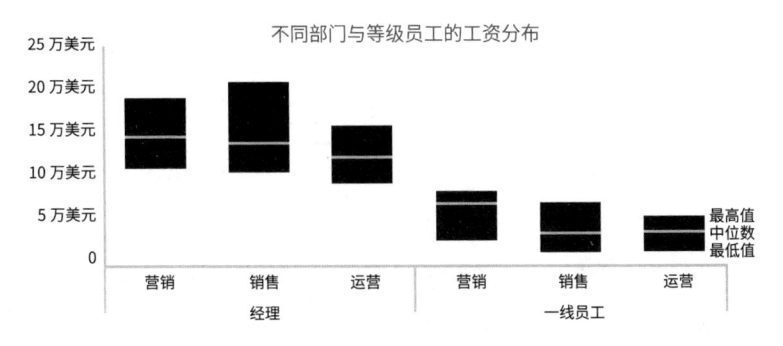

图 3.14　不同部门与等级员工的工资分布

箱形图可以对有学术研究背景的受众使用——箱形图在学术界常用得多。箱形图最适合需要比较多个分布的场合。在这种情况下，频率多边形会把人看糊涂，而平均数等概括统计量又不足以描述数据。

使用箱形图应该注意的一点是，底层数据必须具有统计学上的单峰性。单峰分布体现在直方图上，就是只有一个最高点。有一个值或值域明显占据制高点。如果在一次考试中，大部分学生的分数都在 75 分至 85 分，所以平均分是 80 分，那分数分布就是单峰的。如果有一半学生分数在 90 分以上，剩下一半不到 70 分，那分数分布就是双峰的——有两个高点。平均分并不能很好地描述班级的成绩。箱形图不适合表现双峰分布，因为箱子不能体现出两个高点。

**箱形图的适用场景**

- 比较多个类别的分布；
- 数据满足单峰性；
- 每个分布只需要少数区间即可描述（在上图中，每个类别分成了两个区间：一个区间表示工资低于中位数，另一个区间表示工资高于中位数）；
- 类别的相对大小不是统计图要表达的重点（在这家虚构公司中，一线员工的人数是经理的 50 倍）；
- 时间充裕，可以向不熟悉箱形图的受众进行讲解；
- 受众熟悉四分位等抽象统计概念。

## 呈现分布关系的最佳实践

### 用心选择区间

在直方图中，等距区间对受众来说是最直观的，但这样做有时会导致看不清关键模式。如果数据有采用非等距区间的理由，那也可以用。下面两幅直方图的底层数据都与上面箱形图一致，只是呈现方式有所不同。图 3.15 中左图是等距区间，间距为 5 万美元。右图的区间则是基于人力资源部门设定的工资档位。虽然右图的区间范围不等，但聚焦于大部分员工工资所属的范围内，所以更准确地体现了员工薪酬。分段的理由可以讲给受众，因为这不是任意为之。

**区间选择要反映有意义的底层底层数据划分**

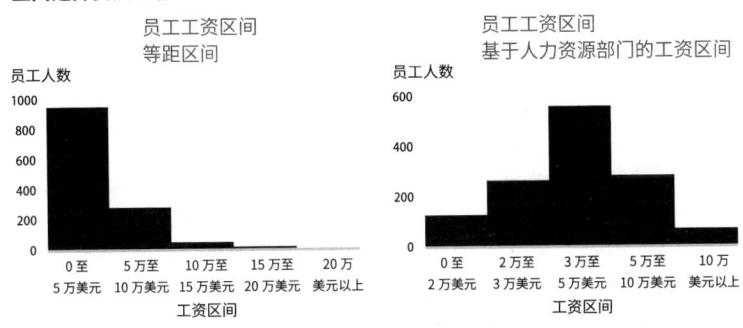

员工工资区间
等距区间

员工工资区间
基于人力资源部门的工资区间

（左图）等距区间掩盖了一个有意义的区分，即年薪不足 3 万美元和年薪 3 万至 5 万美元的员工。
（右图）区间基于人力资源部门给出的工资档位，更详细体现了涵盖大多数员工的工资区间。

图 3.15　员工工资范围的分布

# 相关关系

相关关系指的是两个定量变量之间的关系，最常用散点图表示。

**表示相关关系的词语**
- 随着……增加
- 随着……减少
- 随着……变化
- 随着……变动
- 与……相关
- ……跟随……

# 场景示例

- 订单均价对下单频率的影响；
- 不同地区的盈利能力与增长率；
- 销售人员供职时长与销量；
- 通话时长与服务质量评分；
- 由降雪预测带动的铁锹销量。

## 表示因果关系的词语要慎用

商业分析的一个常见目标,就是进一步理解因果关系,希望借此做出能达到预期效果的选择。相关关系是理解因果关系的一个关键工具,因为它反映了一个指标的变化与另一个指标的关联。然而,每一名统计学教授都会告诫道,相关性不等于因果性,而因果性才是大多数管理者追求的东西。当你从表明两个变量相关的用语跃进到更大胆的断言——即一个指标的变动会导致另一个指标的变动——一定要万分小心。[①] 要留意以下表述:

- 由……导致;
- 由……造成;
- 在……的驱动下;
- 对……的影响。

## 相关关系的常用数据图

### 散点图

散点图是最常用来表示相关关系的数据图,体现了两个定量变量之间的关系。散点图的好处是,受众可以看到各个数据点,而不是平均数等概括统计量。在标签注释得当的情况下,散点图会成为一种解释数据的强大工具,如图 3.16。

---

① 这里化用爱德华·塔夫特的另一个令人难忘的观点:世界是三维多元的,数据图化繁为简,用二维一元的图像来表征世界。在简化的过程中,细节总会有丢失。

**散点图表示两个定量变量的关系**

儿童死亡率与平均受教育年限
2010 年各国水平

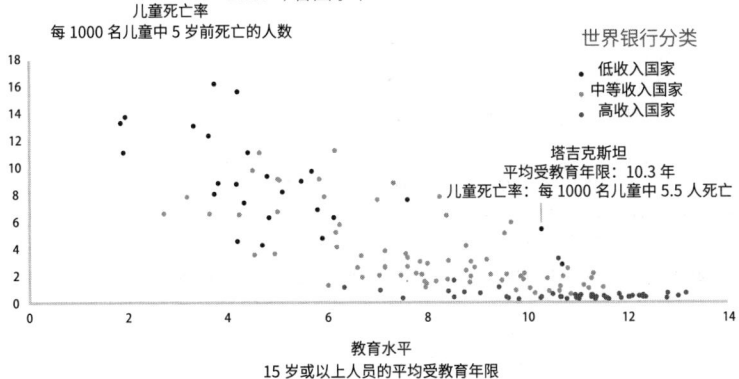

儿童死亡率
每 1000 名儿童中 5 岁前死亡的人数

世界银行分类
· 低收入国家
· 中等收入国家
· 高收入国家

塔吉克斯坦
平均受教育年限：10.3 年
儿童死亡率：每 1000 名儿童中 5.5 人死亡

教育水平
15 岁或以上人员的平均受教育年限

图 3.16　儿童死亡率与平均受教育年限

来源：《全球教育崛起》("Global Rise of Education")，马克斯·罗泽（Max Roser）和埃斯特万·奥尔蒂斯-奥斯皮纳（Esteban Ortiz-Ospina）。线上发布于 OurWorldInData.org（2019）。

**散点图的适用场景**

- 呈现每一个数据点是有价值的；
- 平均值等概括统计量可能会模糊关键信息；
- 两个变量之间存在有意义的关系；
- 离群值要么是有意义的，要么数量很少；
- 你有时间进行规范标注和注释。

## 气泡图

散点图体现两个定量变量之间的关联，气泡图则可以通过数据点的大小来编码第三个定量变量。我们比较面积的精确程度不如比较长短，所以气泡面积最多只能大略分出哪个大，哪个小。采用这种编码时，不要指望受众能够估测出气泡的数值。

气泡图能体现的点比散点图少得多，但适用于重点强调点的聚集关系，而非变量相关关系的情况。一般来说，除非气泡面积编码的信息对数据图支持的决策至关重要，否则就要选择散点图。

图 3.17 展示了市场增长和市场份额矩阵。这种比较形式是由波士顿咨询公司的咨询师开发的，目的是帮助大型集团直观了解各分部如何作为投资组合发挥作用。矩阵图不强调市场份额与市场增长的关系，而是为了帮助受众建立各分部的心理分类模型，以便更好地分配资源。

在使用散点图或气泡图划分或呈现点集时，要清楚地标明区块或点集，帮助受众更有效地解码组别关系。在下图中，每个类别都起了名字，比如"现金牛"，并配上了说明，比如"低份额，高增长"，从而辅助解释该区块。要在紧贴数据的位置给出相应解释，帮助受众解码数据图。

**气泡图的适用场景**

- 数据点的数量有限；
- 气泡大小有显著差别，且易于区分；

- 气泡大小所编码的信息对数据图支持的决策至关重要；
- 时间充裕，足够添加适当的标签和注释；
- 受众熟悉气泡图，或者你有时间进行讲解。

**气泡图用气泡面积表示数据大小**

各分部相对市场份额与市场预期增长率

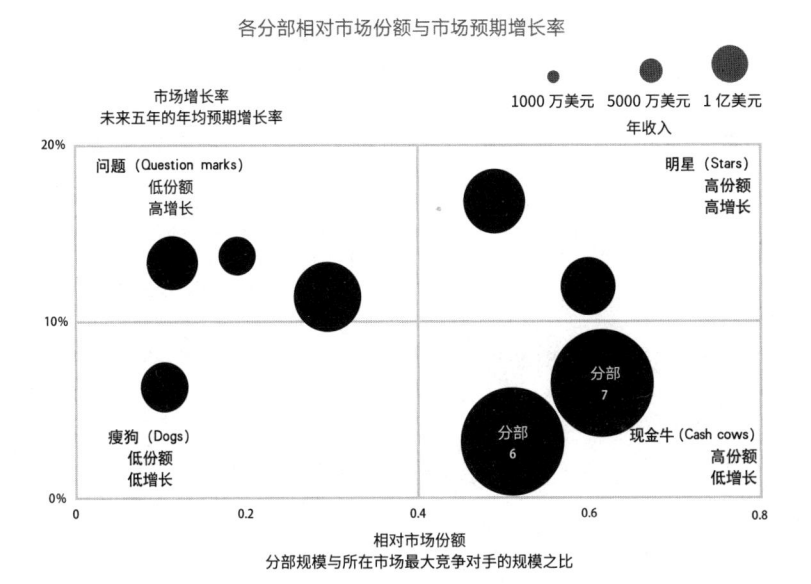

图 3.17　各分部相对市场份额与市场预期增长率

注：假设市场领头羊的相对市场份额是 1.0。如果一位竞争对手的营业收入是市场领头羊的 60%，则相对市场份额为 0.6。

### 表格透镜

散点图的一个替代品是表格透镜（table lens）。[①] 表格透镜通过配对的柱形图来表现相关关系，如图 3.18 所示。虽然表格透镜的初衷是实现交互式可视化，但它也有其他用处，因为它用两幅柱形图来呈现相关关系——所有受众大概都熟悉柱形图。表格透镜也适用于散点图识读困难的环境，比如大礼堂。

表格透镜的主要缺点是，它只能表达非常粗略的相关关系。点与点之间的关系丢失了。表格透镜不能有效体现点的聚集，而且能够支持的数据点远远少于散点图，稍微多一点儿就难以识读了。

**表格透镜的适用场景**

- 数据点数量有限；
- 平均值等概括统计量可能会模糊关键信息；
- 受众不熟悉散点图；
- 变量间有清晰的相关关系。

---

[①] 表格透镜的历史比较短，有必要注明其创造者。虽然它的初衷是实现交互式可视化，但在新型可视化工具的支持下，表格透镜也可以方便地用于静态可视化。尽管如此，在 Excel 里创建表格透镜还是一件麻烦事。如果你不常创建表格透镜的话，最好到网上找一篇分步教程。Ramana Rao and Stuart K. Card, "The Table Lens," *Conference on Human Factors in Computing Systems Proceedings* (Apr. 1994): 318.

**表格透镜用常见图形来表示少量数据点的相关关系**

2019 级 MBA 毕业生
各行业基本工资起薪中位数

咨询
科技
金融
制造
文体
零售
医疗
消费品
私募风投
非营利

0　4万美元　8万美元　12万美元　16万美元
基本工资中位数

2019 级 MBA 毕业生
入职行业比例

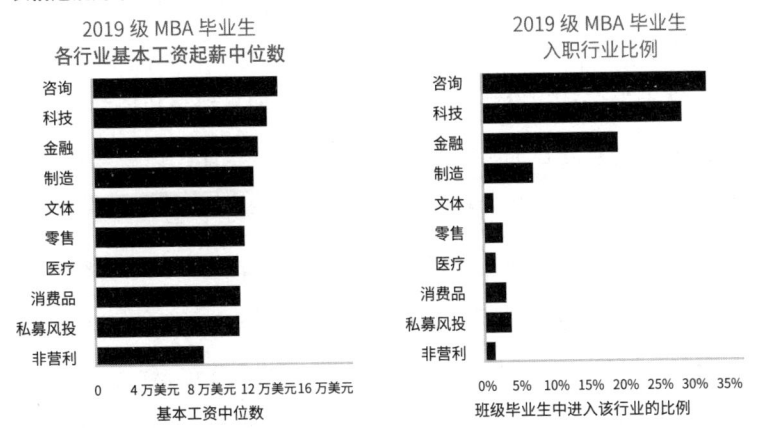

咨询
科技
金融
制造
文体
零售
医疗
消费品
私募风投
非营利

0%　5%　10%　15%　20%　25%　30%　35%
班级毕业生中进入该行业的比例

图 3.18　2019 级 MBA 毕业生的就业情况

注：数据只包括基础工资。在很多行业中，奖金提成可能会大大提高薪资总额，尤其是金融和私募风投行业。

来源：MBA 就业办公室。

## 呈现相关关系的最佳实践

### 加入拟合线并说明离群值，以便受众聚焦

散点图的一个长处，就是能承载的数据密度大。散点图将大量信息塞进了一个小空间内。如果观看者不确定往哪里看，认知负荷就会很大。因此，你应该加入拟合线，将受众的注意力聚焦到核心关系上。另外，离群值必然会让受众分心，所以你要加以说明，方便受众理解，然后将注意力拉回到重点上。

通过拟合线，受众可以形象地理解你想要表达的观点，数据所支持的结论也会"一目了然"。因此，拟合线是一种非常有力

的工具，使用的前提条件是，你有可靠证据表明 x 轴变量的变化会造成 y 轴变量的变化。①

除了用拟合线聚焦受众注意力以外，加入标签和离群值说明也能避免受众分心。人类既容易发现模式，也能迅速注意到离群值。突出性的定义是与众不同的，于是，离群值必然是突出的。因为我们会聚焦于突出元素，所以如果数据里有明显的离群值，一定要给出标注和说明。你也可以调低离群值的强度，使其不要那么突出，如图 3.19 所示。离群值一定要加以说明。要正面应对，满足受众对解释的诉求，并将他们的注意力引回到关键信息上。

- 显示拟合线，将受众的注意力吸引到温度和冰激凌销售额上；
- 布置拟合公式，以便向受众解释其意义；
- 标注说明离群值，将受众的注意力引回到基本模式上；
- 调低离群值的视觉强度，降低其突出程度。

---

① 泰勒·维根（Tyler Vigen）开发了一个搞笑网站，表现了从相关性推导因果性的风险。网址：https://www.tylervigen.com/spurious-correlations。

**直观体现重要关系并说明离群值**

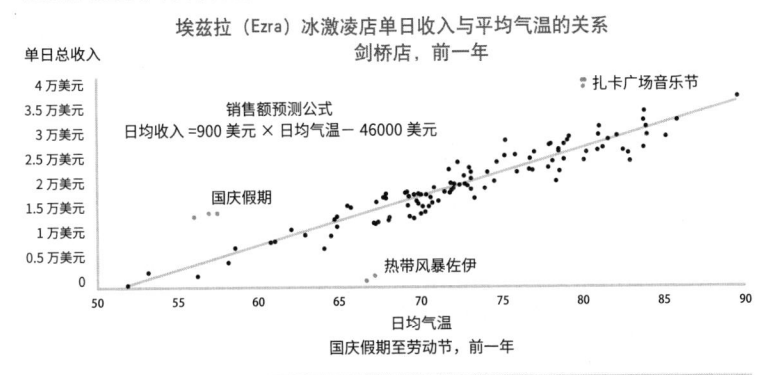

埃兹拉（Ezra）冰激凌店单日收入与平均气温的关系
剑桥店，前一年

销售额预测公式
日均收入 =900 美元 × 日均气温 − 46000 美元

国庆假期

扎卡广场音乐节

热带风暴佐伊

日均气温
国庆假期至劳动节，前一年

标注离群值，调低离群值的强度，这样有助于受众理解，然后将其注意力引回到数据图的主旨。

图 3.19　埃兹拉冰激凌店单日收入与平均气温的关系

注：销售额预测基于普通的最小二乘法线性回归。

为清晰起见，销售额预测公式精确到千位。$R^2 = 0.83$。

来源：公司财报；美国国家海洋和大气管理局气候数据在线。

## 强调相关性，淡化不相关

通常而言，解释性报告要聚焦于哪些变量是相关的，而非哪些变量互不相关。如非必要，不要展示不相关变量。人类有寻找模式的倾向，因此，哪怕两个变量没有统计意义上的相关性，受众也可能会从中看出相关性。[1] 如果非要表示不相关的话，那就

---

[1] 有大量文献记载，人类倾向于在陌生信息中寻找模式，以至于这种现象有一个专门的名称：模式妄想（apophenia）。这种倾向甚至有多个亚型。将随机图像和声音解读为可辨识模式的现象叫作空想性错视（pareidolia）。最常见的幻想性错视就是看见脸，哪怕是这样简单的图形：:)。

不要加入拟合线和其他表示相关性的符号。图 3.20 要表达的要点是：销售员的资历——指标采用在公司供职的年限——不能预测其带动的销售额。换句话说，资历老不能带来更多销量。$R^2$ 是 0.008，意思是资历只能解释销售业绩变异的千分之八。但拟合线是向上倾斜的，受众可能由此做出推断，认为资历和销售业绩之间存在有意义（哪怕很小）的关联，哪怕就这家公司而言，关联根本不存在。删掉拟合线更有利于表达这幅图的要点。

**受众有寻找模式的倾向，哪怕实际并无关联**

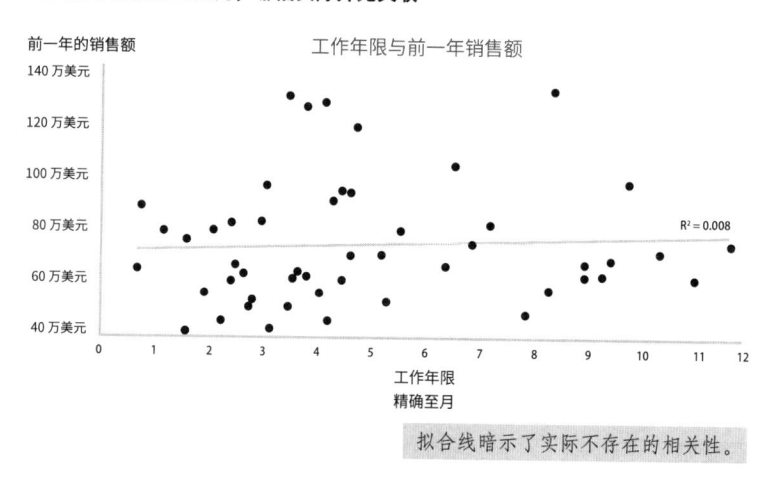

图 3.20　工作年限与前一年销售额

- 一般来说，除非不相关是沟通的要点，否则不要呈现出来；
- 如果变量之间不相关，那就不要展示拟合线或其他表示相关性的符号。

# 运用分类体系扩展数据图类型库

本章介绍了各种主要关系类型和最常用的数据图种类，涵盖了大部分用数据说服他人所需的数据图。一般来说，要尽量使用常见的数据图类型，以便减轻受众的认知负荷。要让受众聚焦于数据，而非数据图本身。

如果你不确定如何展示某一种关系，觉得常用的数据图种类不够用，所以需要一些灵感，或者不确定有哪些软件支持自己要用的图表类型，那么网络上有多种数据图分类指南，如表3.2所示。你可以用它们来提高技能，拓宽可用的数据图种类。这些指南有很大的力量。

表 3.2 数据图分类指南

| 分类指南 | 网址 | 分类依据 | 主要优点 |
| --- | --- | --- | --- |
| 如何选择可视化工具？（Which Visualization?） | Experception.net | 数据性质（离散还是连续） | ● 便捷易用<br>● 包含对最佳实践的评注 |
| 《金融时报》数据图列表（Financial Times Vocabulary） | Ft.com/vocabulary | 你想要强调的关系类型 | ● 定期更新<br>● 内容全面<br>● 包含英文版、中文版和日文版 |

续 表

| 分类指南 | 网址 | 分类依据 | 主要优点 |
| --- | --- | --- | --- |
| 数据图轴<br>(The Graphic Continuum) | Policyviz.com/product/the-graphic-continuum-desktop-sheet | 你想要强调的关系类型 | ● 收录了不常见的图表类型 |
| 制图人指南<br>(The Chartmaker Directory) | Chartmaker.visualisingdata.com | 可视化软件包 | ● 比较了各大主流可视化软件的功能 |

# 本章关键概念

数据图呈现数据关系。要选择适当的数据图,关键是确定受众需要理解哪一种关系,如表 3.3 所示。

表 3.3 常见数据关系与对应的数据图

| 关系名称 | 呈现对象 | 常见形式 | 最佳实践 |
| --- | --- | --- | --- |
| 类别 | 不同类别的数值在同一时刻的对比 | 柱形图<br>簇状柱形图 | ● 默认用纵向柱形图<br>● 横向柱形图,适用于标签长或项目多的情况<br>● 分类要有意义 |
| 时间 | 一类或多类数据随着时间的变化 | 折线图<br>柱形图 | ● 尽量不要用饼图,除了有限的场景以外<br>● 排序要有意义<br>● 类别比较要有共同的基准线 |

续 表

| 关系名称 | 呈现对象 | 常见形式 | 最佳实践 |
|---|---|---|---|
| 总分 | 不同类别（或部分）与总体的关系 | 堆积柱形图<br>瀑布图<br>马赛克图 | ● 折线图强调数据随时间的总体变化模式<br>● 柱形图强调个别数值<br>● 时间要等距分布<br>● 选择适当的时间间隔 |
| 分布 | 单类观察数据的测量值分布 | 直方图<br>折线图<br>箱形图 | ● 直方图用于呈现单个变量的分布<br>● 折线图用于呈现多个变量的分布<br>● 选择有意义的区间 |
| 相关 | 同一个数据实例内不同变量的关系 | 散点图<br>气泡图<br>表格透镜 | ● 说明离群值<br>● 加入拟合线，表现相关性<br>● 不要用数据图表现不相关 |

## 就算别的都记不住……

先确定数据关系，再选择数据图种类。

务求简单。只有在受众需要的情况下，才选择复杂的数据图。

人们会寻找离群值和模式。要说明离群值，免得让受众一直惦记。不要展示不相关。

### 📖 习题：关系分类

你要和一名队友做课堂报告，目前正在准备幻灯片。你知道每张幻灯片要展示的内容，也知道有哪些可用数据。请简要说明最适合展示数据的数据图形式。

表 3.4 是总结表，在你思考表 3.5 中每一张幻灯片时，你可以利用表 3.4。每个数据图都有一个目标和可用数据。基于目标和数据描述，先说明每张图应该强调的数据关系，再勾勒出对应的数据图。要设想数据可能长得是什么样子，重点要放在大体比较上，不要追求尽善尽美。借此机会，你可以思考还有哪些数据图也适用于讨论话题。

表 3.4 总结表

| 数据图的目标与可用数据 | 确定关系类型 | 概述数据图 |
|---|---|---|
| 目标：说明亚太地区是全球销售额增长最快的区域<br><br>数据：过去十年间各区域的销售额 | 类别关系（包含时间分量） | 增长率柱形图<br>优点：简单，强调核心关系<br>缺点：没有清楚体现各区域的体量对比<br><br>销售额折线图，标注各区域的销售额增长率<br>优点：体现了各区域的体量对比<br>缺点：如果亚太地区体量远远小于其他区域，增长率关系可能就会模糊。如果折线交叉的话，可能会看不清楚。标注必须清晰<br><br>以区域为主的簇状柱形图<br>优点：表现出每个分量的相对大小。如果折线图有交叉问题的话，簇状柱形图可能会更便于比较各个地区<br>缺点：相比于折线图，更难比较各地区的增长率。突出历年的具体销售额，但淡化了趋势<br><br>不要用：以年份为主的簇状柱形图<br>如果以年份为主的话，焦点就是各个年份的区域间对比，而不是各个区域的历年增长 |

有多种数据图都适用于这一场景。本书在这里给出多个备选答案，并评估了每一种选择的优劣。你在概述之后也要试着说明优点和缺点。

表3.5 习题

| 数据图的目标与可用数据 | 确定关系类型 | 概述数据图 |
|---|---|---|
| 目标：说明公司最大的产品门类占总销售额的40%且没有拳头产品，其他门类各有一款贡献了大部分销售额的拳头产品<br>数据：过去五年间各门类与产品的销售额 | | |
| 目标：说明订单金额能够预测消费者要过多久会再次下单（假定属实）<br>数据：过去十五年间所有订单的金额 | | |
| 目标：说明四个呼叫中心的通话时长存在差异，虽然平均通话时长是相同的<br>数据：过去一年里每个呼叫中心的每一次通话的时长 | | |

续 表

| 数据图的目标与可用数据 | 确定关系类型 | 概述数据图 |
|---|---|---|
| 目标：说明加工失误率在学校假期会升高<br>数据：过去一年间每一天的总加工件数和失误件数 | | |
| 目标：说明顾客满意度与生命周期总价值（一名顾客在一家公司消费的总金额）之间的关系<br>数据：过去七年间的顾客满意度和每名顾客的预期生命周期总价值 | | |
| 目标：比较一个估值模型对某家公司市值的预测，与该家公司的实际当前市值。直观呈现误差的来源<br>数据：估值模型的输出结果，包含各个价值来源和成本来源 | | |
| 目标：比较两个分部在过去一年间的收入趋势<br>数据：两个分部过去一年间的月度收入 | | |

第四章

# 简化增效

要传达的信息

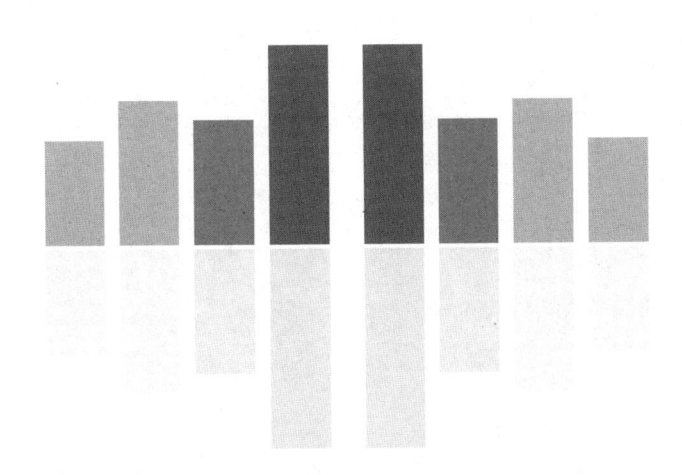

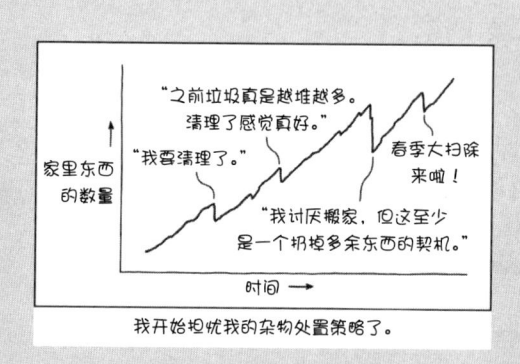

[图示：一张手绘折线图，纵轴为"家里东西的数量"，横轴为"时间"。图中标注："之前垃圾真是越堆越多。清理了感觉真好。"、"我要清理了。"、"春季大扫除来啦！"、"我讨厌搬家，但这至少是一个扔掉多余东西的契机。" 图注："我开始担忧我的杂物处置策略了。"]

就算数据图设计得很用心，但如果过于复杂，那也无法说服受众。本章的目标不是降低数据图要表达的数据的复杂度，而是让你的数据图像透明的窗户一样，让受众看清底层的数据。本章给出两种简化数据图并突出核心信息的方法：最大化数据墨水比，建立信息层级。习题会检验你削减多余元素、实现数据增效的能力。

# 将数据墨水比最大化

高效的数据图是清晰的。纸页上的每一个符号，屏幕上的每一个像素都发挥了最大的价值。爱德华·塔夫特将数据图语境下的这种关系称为"数据墨水比"。你的任务是将它最大化。要确保图中的每个墨点都传达了与数据相关的信息。为了做到这一点，你必须无情地删除那些无益于清晰度的图形元素，而对于余下的元素也必须遵循价值最大化的原则。

表 4.1 给出了一些多余墨水的常见来源，以及实现其余墨水价值最大化的关键步骤。这些规则可以偶尔打破，但一定要有数据和关系性质的动因。例如，三维数据适合用三维数据图呈现。

表 4.1 非数据墨水最小化，数据墨水最大化

| 非数据墨水最小化 | 数据墨水最大化 |
| --- | --- |
| 下列元素要一个不留，除非对数据图有重要意义 | 下列元素要一应俱全，除非对全体受众都没有意义 |
| ✗ 三维和阴影效果 | ✓ 轴标签 |

续表

| 非数据墨水最小化 | 数据墨水最大化 |
|---|---|
| ✕ 边框 | √ 表头 |
| ✕ 柱形图中过大的柱间距 | √ 字体大小要便于识读 |
| ✕ 无意义的色差 | √ 数据选择标准<br>——例如，业绩排名前六的区域 |
| ✕ 过分显眼的单元格 | √ 来源 |
| ✕ 折线上标注点 | √ 数值单位标注<br>——例如，100万美元，200万美元，300万美元…… |
| ✕ 刻度线 | |
| ✕ 不必要的有效数字 | |

## 删除会产生杂音的非数据墨水

最常见的多余墨水形式是杂音——不传达任何意义的视觉元素。删除杂音对余下的元素没有影响。另一些多余视觉元素可能有益于清晰——比如加粗单元格——但也带来了认知负荷，得不偿失。你在内心里要从一张白纸开始，图中的每个元素都要对设想中的受众有存在意义。

图4.1专门做得很差，请留意多余墨水的来源。

第四章 简化增效：要传达的信息

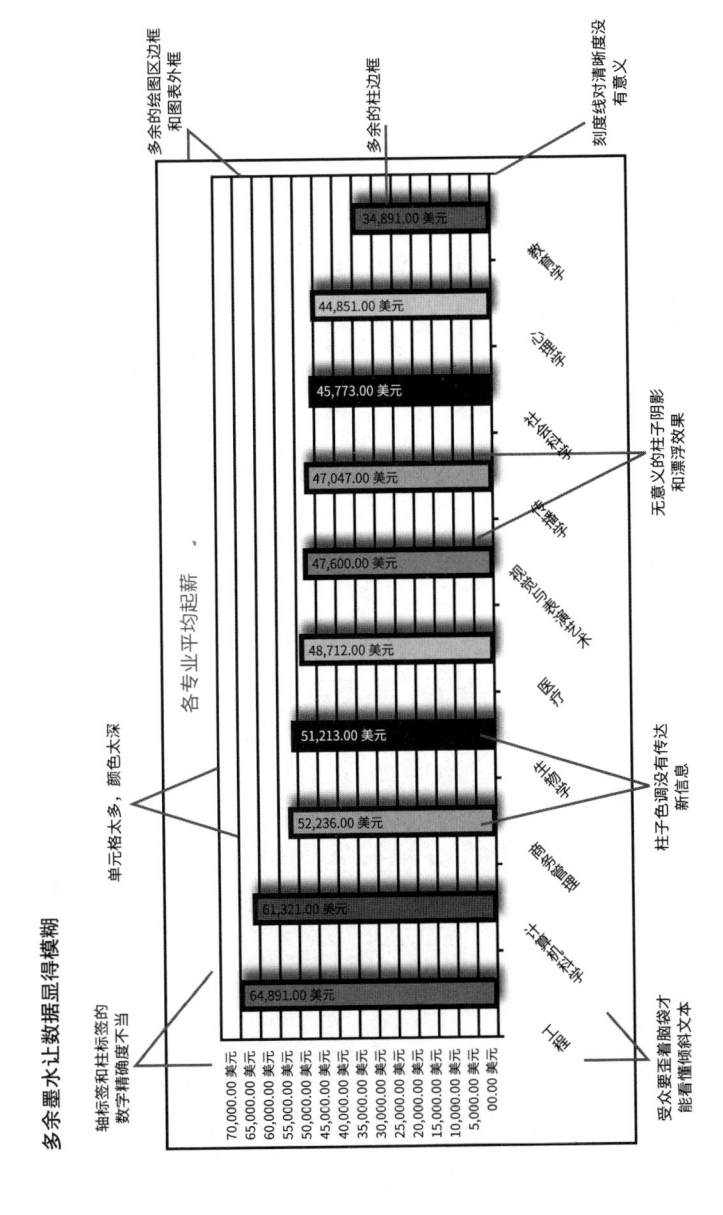

**多余墨水让数据显得模糊**

图 4.1 各专业平均起薪 1

用数据说服：如何设计、呈现和捍卫你的数据

图 4.2 去掉了多余墨水，不仅比第一版更清晰，而且强化了保留的墨水，能够进一步降低受众的认知负荷。

**减少多余墨水后，底层数据表达得更清晰了**

各专业平均起薪

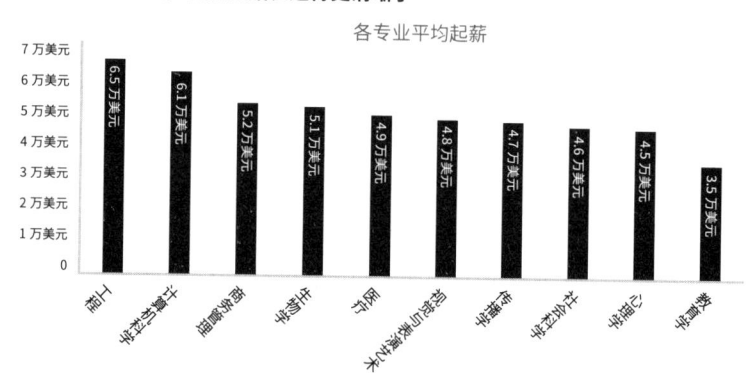

图 4.2　各专业平均起薪 2

---

### 当心：一批人觉得冗余，另一批人反而觉得可信

熟悉事物带来的认知负荷较小，我们更容易处理之前见过的信息。这就是知识的诅咒。受众是第一次接触，而我们已经忘记了什么是陌生的感觉。对于不熟悉数据的受众来说，删除多余墨水可以减轻认知负荷，但对熟悉特定格式数据的受众可能会适得其反。

例如，每天都用统计分析软件的科研人员可能会觉得"清爽"的数据图更难懂。图中没有自己平常见到的线条，标签也出现在陌生的位置，他们反而会承受更大的认知负荷，甚至可

能会因此质疑分析师和分析本身。[①]

有效沟通在于了解受众。要花时间琢磨受众平常获取数据的方式。你掌握了面向不熟悉数据的受众的沟通最佳实践，但这些做法可能不适用于个别人，做选择时要考虑到这一点。或者换一种说法：不管本书怎么讲，你在制作数据图表时要遵从老板的格式偏好。

## 传达信息的数据墨水要最大化

删掉了所有非数据墨水后，要尽可能放大保留的数据墨水的力量。这就需要用心考虑受众的需求。本节会依次介绍各个选项，目的是减轻受众的认知负荷，让受众不要聚焦于数据图本身，而要聚焦于图中呈现的数据。

### 不要使用倾斜文本

倾斜文本的阅读难度显著大于横向文本。[②] 前文工资图中的倾斜标签增加了认知负荷。图 4.3 中展示了两种减轻受众负担的常用策略：在数据标签里采用通行缩写；使用横向柱形图，能够容纳更多的类别和更长的文本标签。虽然有证据表明，人们比较

---

[①] 在我之前工作的一家单位，研发人员常常将除去杂音的数据图称为"营销图表"。为避免读者对语境产生误解，这个词不是夸奖。为这种受众制作数据时，我们学会了保留少数多余的网格线和标签。

[②] 不过，看着一屋子人同时脑袋倾斜 45°看你的幻灯片，那也挺好玩的。

纵向柱形图中的数据会容易一点儿,但横向文本的优点能够抵消横向柱形图的小缺点。

**通行缩写能为横向标签留出空间**

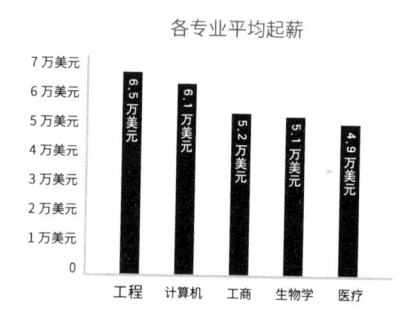

各专业平均起薪

**横向柱形图能容纳更长的标签和更多的类别**

各专业平均起薪

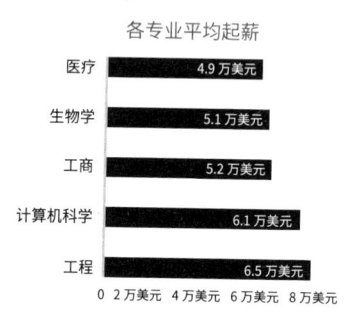

图 4.3　各专业平均起薪 3

## 关键要素要加标签,标签要方便识读

有了清晰的标签,读者就能快速确定这张数据图编码的内容。图中所有元素都要加标签,还要选择适合受众环境(笔记本电脑、纸质稿、会议室投影)的字体大小。减轻认知负荷的最快方法,就是让文字更容易看清读懂。字体宁大勿小。

图 4.4 中加入了确切说明,从而提高了可信度。数据看上去更值得信任了,因为受众明白了图的主题、数据来源、坐标轴的意义、数据选择标准。[1]

---

[1]　此处有理由不加 y 轴标签,因为标题里已经有了。从另一个角度看,人们对坐标轴标签太熟悉了,如果不加的话,很多受众可能会质疑数据图的可信度。如果标签确实对全体受众都是一目了然,那省掉吧。在大屏幕上展示数据时,标签一定要放在坐标轴上方,文本横排,以便阅读。

**标签能让数据图更清晰，从而提高可信度**

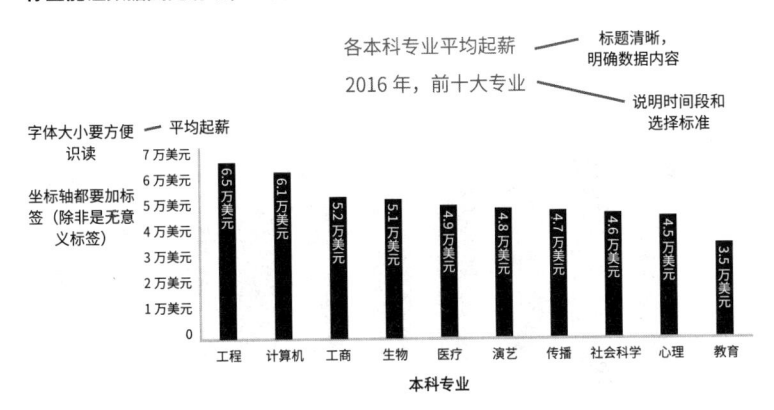

图 4.4　各专业平均起薪 4

说明信息来源 —— 来源：Sallie Mae，来自 Statista.com。

# 缩小柱子的间距（让受众把注意力集中在数据上）

有一种不起眼却强大的办法能让你的数据更加有力，那就是加宽柱子。这能让受众将注意力集中在数据上，而不是数据之间的间隙上，另外也便于比较。这里没有一定之法，但总体来说，柱宽要大于间距。

图 4.5 的间距设定为柱宽的 67%。注意宽柱是如何将受众的注意力集中到柱子上，而不是柱子之间的空白区域。

**宽柱便于比较**

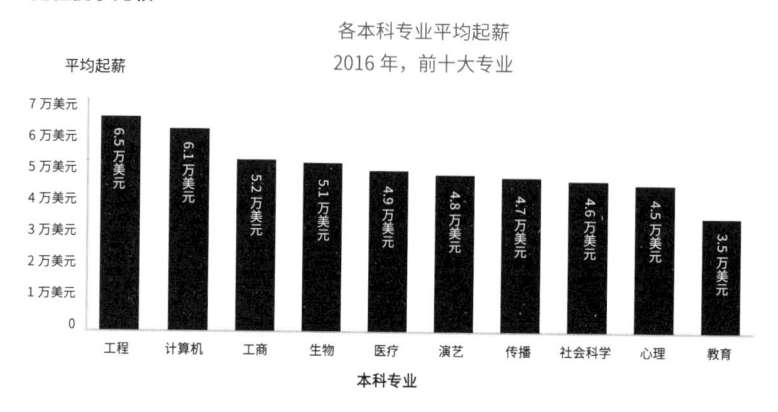

各本科专业平均起薪
2016 年，前十大专业

| 专业 | 平均起薪 |
|---|---|
| 工程 | 6.5 万美元 |
| 计算机 | 6.1 万美元 |
| 工商 | 5.2 万美元 |
| 生物 | 5.1 万美元 |
| 医疗 | 4.9 万美元 |
| 演艺 | 4.8 万美元 |
| 传播 | 4.7 万美元 |
| 社会科学 | 4.6 万美元 |
| 心理 | 4.5 万美元 |
| 教育 | 3.5 万美元 |

图 4.5　各专业平均起薪 5

来源：Sallie Mae，来自 *Statista.com*。

# 突出重要信息

人脑回避认知负荷，人的视觉处理系统在同一时间只能看见几个物体。尤其是，我们的视觉系统会被最突出的任何事物所吸引。第二章讲过，突出性就是"与众不同"。

有效的数据图——以及后面会讲的幻灯片——要建立信息层级，视觉元素的突出程度与重要程度要对应。最重要的元素要在视觉上最突出，不要有多个同等突出的元素。如果有多个元素争夺注意力的话，那就没有突出点了。视觉元素要有一个次序，从最显眼到最不显眼。这样一来，受众必须同时处理的视觉元素就少了，数据图也能够承载更复杂的信息，如表 4.2 所示。

表 4.2　视觉层级

**从战略高度设计视觉层级**

| 设计元素 | 突出元素的手段 |
| --- | --- |
| 大小 | 重要文本的字体要更大 |
| 类型 | 有节制地使用加粗、倾斜、下画线、全大写和颜色,突出关键词和关键概念 |
| 标签 | 有选择性地给关键数据点加标签 |
| 高亮 | 提高一部分数据点的颜色强度 |
| 参考线 | 加入参考线和参考区块,聚焦关键的比较项目 |
| 注释 | 为重要事件加注释,或者说明离群值 |
| 分割 | 将一张双 y 轴数据图拆成两张数据图 |

　　为了建立层级,你必须做出选择:对具体的受众或语境而言,哪个比较维度是最重要的?有效解释性数据图的力量,就来自这些选择。那些旨在让听众理解得更清楚的选择,会更加赢得受众的信任。如果刻意隐藏不利于你的结论的数据,就会让你更快丧失说服力。

　　因为这些选择服务于特定语境下的特定受众,所以最优秀的解释性数据图不可重复使用。受众、语境、话题的变化都会改变最优选择。

## 放大重要文本

让一个元素比周围元素显得更大,是最简单的突出手段之一。图 4.6 的焦点是不同专业的起薪。放大数据图标题的字体会将受众的目光吸引到这条关键信息上,然后才能理解数据图的其余部分。缩小数据来源和坐标轴标签的字体会让专业更加显眼,专业才是我们希望比较的主要类别。

**字体要有大小之分,让受众最先注意到最重要的信息**

各本科专业平均起薪
2016 年,前十大专业

| 专业 | 平均起薪 |
|---|---|
| 工程 | 6.5 万美元 |
| 计算机 | 6.1 万美元 |
| 工商 | 5.2 万美元 |
| 生物 | 5.1 万美元 |
| 医疗 | 4.9 万美元 |
| 演艺 | 4.8 万美元 |
| 传播 | 4.7 万美元 |
| 社会科学 | 4.6 万美元 |
| 心理 | 4.5 万美元 |
| 教育 | 3.5 万美元 |

主标题的字体大于副标题。

坐标轴标签颜色较浅,从而建立了信息层级。

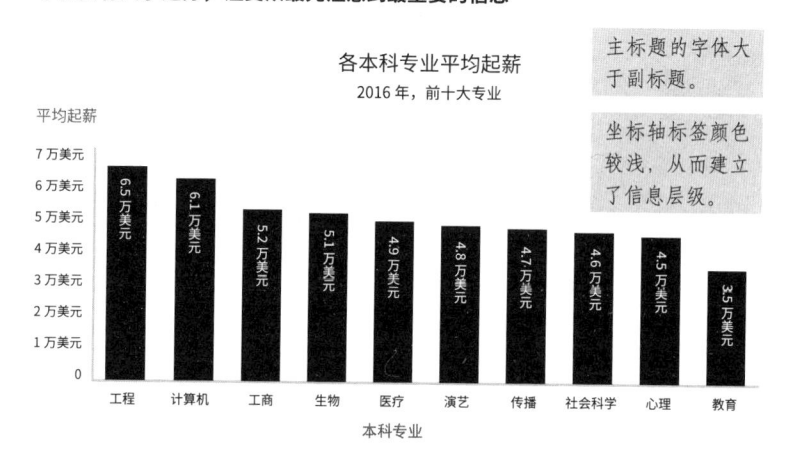

图 4.6　各专业平均起薪 6

来源:Sallie Mae,来自 Statista.com。

## 同类元素要大小一致

如果这张数据图要比较商学院毕业生起薪与工程专业或计算机专业毕业生起薪的高低,那就不要放大"工商"这一栏的字体,将受众的注意力吸引过去。你应该保持所有类别标签的大小一致,并有策略地使用标签和强度手段来提高突出性。

## 有策略地加入标签和高亮,让受众聚焦重点

选择性标签是一种强大的工具,可以将受众的注意力集中到正确的比较内容上。既然墨水会吸引目光,那么,删除次要数据点的标签也会让受众聚焦于重要数据点。但与任何强大的工具一样,误用的后果是很严重的。如果受众不明白为什么要关注这些点,可能就会怀疑你是为了转移视线,所以才专门强调某个方面。

因此,为了有选择性地加入标签,你必须向受众介绍你关注这一数据的意图。就图4.7而言,假设受众是一所商学院的教师,工商管理专业的本科生在减少。学生减少的公认原因是,学生们都去报工程专业和计算机科学专业了。因为一个专业的报考学生少了,学院能供养的教师人数就少了,所以报考学生减少对教师是有意义的。假设本数据图仅为关于潜在成因的系列论述中的一个可视化环节。

因为这场虚构讨论的焦点是工商专业毕业生和工程专业或计算机专业毕业生的起薪,所以只标注相关专业的起薪是有道理的。请注意,下图中的标签和明度选择将受众的注意力吸引到最左边的三根柱子上。

**选择性高亮和标签可以让受众聚焦于关键比较项目**

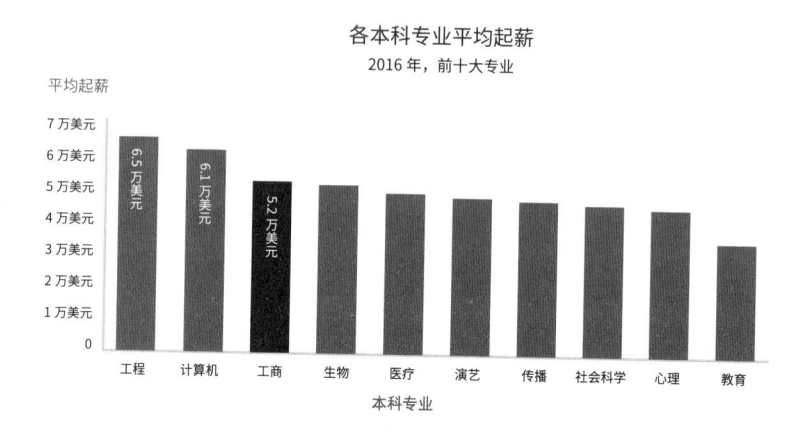

各本科专业平均起薪
2016年，前十大专业

平均起薪

| 专业 | 起薪 |
|---|---|
| 工程 | 6.5万美元 |
| 计算机 | 6.1万美元 |
| 工商 | 5.2万美元 |
| 生物 | |
| 医疗 | |
| 演艺 | |
| 传播 | |
| 社会科学 | |
| 心理 | |
| 教育 | |

本科专业

图 4.7　各专业平均起薪 7

来源：Sallie Mae，来自 *Statista.com*。

这个选择只有在这个具体语境下才是成立的。受众已经假定，学生的首选专业是起薪最高的专业。在这种情况下，选择性标签能够聚焦讨论，减轻受众的认知负荷。如果受众没有这个共同的语境，他们可能会觉得这是刻意歪曲数据。有些人——比如图中没有标明起薪的专业的教师——可能会觉得近乎侮辱、蔑视。每个标签都要有依据，在选择时要慎重考虑受众和语境等因素。

选择性标签带来的一个顾虑是，图中可能会缺少受众想要了解的信息。这种顾虑的一部分原因来自知识的诅咒。如果你见过每个点都有标签的数据图，那么，标签缺失就会很显眼。

另一个合理顾虑是，不同受众可能会有误解。一幅数据图越是针对特定受众和特定话题，越是便于这个受众理解，其他受众使用的灵活度就越低。在经常复制粘贴、挪用数据图的组织里，这是一个严重问题。图 4.7 不是针对教育学院的话题，如果放到教育学院去用，这种选择往好听了说是奇怪，往难听了说是目中无人。

矛盾之处在于，恰恰是针对多个受众群体和话题的数据图，最容易被重复使用和误解。明确服务于特定解释目的的数据图，往往难以用于其他语境。这是设计优质解释性数据图的一个理由。另外，在选择设计要素和标签时，一定要扎根于受众和制图目的。

## 加入参考线，让比较更清晰

因为数据图呈现的是关系，所以数据图全是在进行比较。你往往是希望受众将图中的数据点与某个业绩优劣标准做比对。一定要把你希望受众比较的内容体现在图中。如果你不向受众展示数据比较的标杆，受众可能就会对数据进行内部比对。因此，你要加入参考线，确保数据图妥善回答了"跟谁比"这个问题。常见的参考类型如表 4.3 所示。

表 4.3 常见的参考类型

运用常见的参考线和参考区块

| 参考类型 | 常见例子 |
| --- | --- |
| 概括统计量 | 平均数（均值和中位数）<br>拟合回归线<br>置信区间 |
| 目标和值 | 服务水平等级的合格下限<br>高/低水平线<br>目标（阈值用直线表示，范围用区块表示）<br>触发点（干预、局势升级、启动调查） |
| 事件 | 发生前或发生后<br>重要事件（例如，大额一次性订单）<br>重要时段（例如，经济衰退） |
| 类别 | 描述性群组（例如，后进和明星） |

如果不用参考线或参考区块来体现比较对象的话，那你就是在暗示，受众应当在图中数据点内部进行比较。那未必是你想要比较的东西，如图 4.8 所示。

**从这幅图能得出哪些国别比较的信息?**

人均 GDP
五个最大的中低收入经济体,2018 年

|  |  |
| --- | --- |
| 俄罗斯 | 25500 美元 |
| 墨西哥 | |
| 中国 | |
| 巴西 | |
| 印度 | 7100 美元 |

图 4.8　2018 年五个最大的中低收入经济体的人均 GDP(1)

来源:世界银行;根据购买力平价(PPP)调整。

图 4.8 中的 GDP 数据图没有其他的比较点,暗示受众应该比较图中五个国家的数据。图中只显示了俄罗斯和印度的人均 GDP 数据,吸引受众关注这两个点,强化了应该对俄罗斯和印度进行比较。既然俄罗斯的人均 GDP 是印度的 3.5 倍,这张图暗示俄罗斯经济强劲。通过加入参考线,受众会将注意力聚焦于更适合的比较方面上,如图 4.9 所示。

**参考线改变了隐含的比较对象**

人均 GDP
五个最大的中低收入经济体，2018 年

人均 GDP
五个最大的中低收入经济体，2018 年

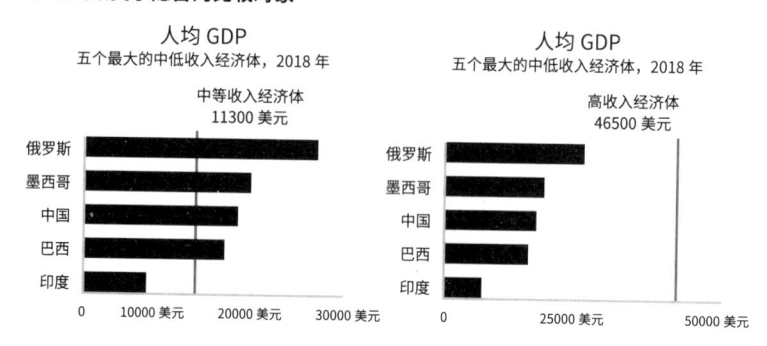

图 4.9　2018 年五个最大的中低收入经济体的人均 GDP（2）
来源：世界银行；根据购买力平价（PPP）调整。

图 4.9 左图加入了一条参考线，内容是中等收入国家人均 GDP 的平均数。这样做强化了俄罗斯经济强劲的观感。右图加入的参考线是高收入国家人均 GDP 的平均数，改变了比较对象。随着参照点的变化，这些中低收入国家的经济看上去就不那么强了。选择适当参照点的责任落在了解释数据的人身上。受众评估分析是否可信的一种方式，就是评估你的选择是否合理。

---

### 当心："好、坏、优、劣、快、慢"都需要参照点

每当你用表示优劣的词语来形容数据点时，一定要在图中直观表现出参照点。

凡是涉及数据与评优指标的比较，那都要取决于参照点。一年增长 20% 在平稳行业可能是了不起的成绩，但在增长率

200%的行业就是惨淡了。通过选择适当的竞品，你手下增长最慢的产品线依然可能是同品类第一。如果不标明行业增长率，不说明适当的竞品组合的话，那你传达给受众的隐含意思就是：他们应该比较公司当前和之前的收入表现，或者比较这款产品的表现和公司恰好生产的其他不相关产品的表现。

一个常见误区就是不体现这些参照对象。这种数据往往难以获取。在一部分最常用的可视化工具中，绘制参考线是一件难事。知识的诅咒也常常让人看不到一个事实，那就是，他们已经把表现好坏的标准内化了。你身边的同事往往也有同样的认知，可能也注意不到你的数据图并未标明隐含的参照点。以可视化形式实现这些对比分析是一笔高收益时间投资。

## 加入注释，借助相近律来提高清晰度

最优秀的数据图是自足的。受众不需要外部口头或文字解释，就能够理解数据图的含义。注释——数据图内的解释性文字——有助于达到这个标准。

有效的注释利用了格式塔原理中的相近律。解释性文字要贴近对应的数据，这样有助于减轻认知负荷。相比之下，非要受众将图外的项目符号与图内的相关信息关联起来，那就比较费神了。注释可以用于给区域加标签、讲解计算过程，或者帮助受众了解离群值。

## 区域标签

图 4.10 的散点图中有一条对角参考线,表示人口流入等于人口流出,从而将图划分为两个区域。相对的角落里加了注释,帮助读者读懂哪些州人口净增加,哪些州人口净减少。注释文字的颜色与对应区域的数据点一致,这是运用格式塔原理的相似律,让表达更清晰。

**加入区域标签,明确关键比较项目**

**标注离群值,让受众将注意力集中于关键数据**

图 4.10  2016—2017 年,美国各州人口流入与流出(1)

来源:美国人口普查局美国社区人口调查。

## 说明离群值

人有关注差异的本能,[①] 所以离群值和例外情况会吸引我们的

---

① 一种演化理论认为,没有注意到突出迹象——比如一只猛兽在摇晃一棵树——实在是太危险了,于是我们对虚假信号会过分敏感,比如只是风吹得这棵树沙沙作响。

目光。受众会对图中的例外情况产生疑问,你要在注释中加以解答,从而将受众的关注点移回重点上。图 4.10 右图的散点图要传达的关键信息是,美国大部分州的人口都在增长。注释对离群值做了解释,以便受众将关注点移回重点上。这里的标签澄清了图的含义,强化了一种印象,即偏离中线越远的州,人口变化越大。注释位置要认真选择。要利用相近律来表明指涉对象,但不能盖住其他数据。在绝对必要的情况下,为避免过分杂乱,可以用线将注释和对应数据点连起来。

### 讲解计算过程

注释可以用来讲解数据的计算过程。你可以选一个数据点展开讲解,这是运用选择性标签引导受众关注重要数据点的一个例子。这也利用了人类从特殊推导一般的倾向。[1] 这种方法有助于缓解散点图固有的复杂性缺陷。请注意,图 4.11 中虽然只标注了一个州——西弗吉尼亚州——但其实说明了所有点的含义,哪怕只有一个点配了注释。

---

[1] 详见第七章"具体 > 抽象"一节。

**标注数据点，以便解释数据并吸引受众关注重点**

2016—2017 年，
美国各州人口流入与流出

图 4.11　2016—2017 年，美国各州人口流入与流出（2）
来源：美国人口普查局美国社区人口调查。

同样的注释原理也可以用于时间序列图，揭示发生重大变动的时刻，或者受众需要了解的基础条件。图 4.12 标注了有意义的时间点和时间段。

**阿比（Abie）作业辅导专线通话次数**

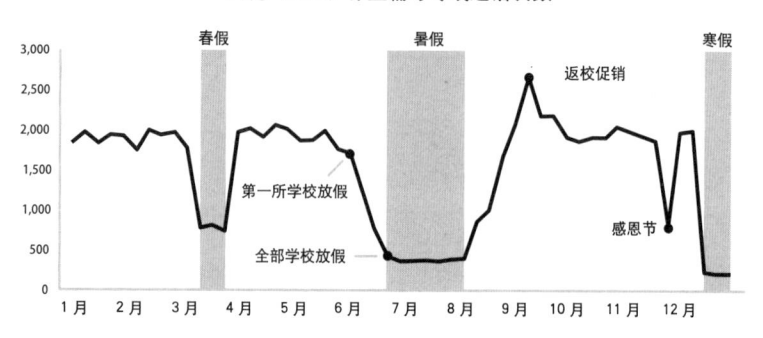

图 4.12　阿比作业辅导专线通话次数

> **当心：不要对受众说，不许看某个东西**
>
> 不要告诉受众哪些东西不许看。要求人不看某个东西，就是要他们在心里无视某个突出的事物。这是一条不可能遵守的命令。如果你要这样做，那么请问一问自己，你到底想让受众无视什么。
>
> **如果你要他们无视离群值**：要迎头面对。解释离群值，说明为什么离群值与你展示数据的原因无关。要让受众考虑之后再无视，就像你在分析过程中做的那样。
>
> **如果你要他们无视复杂因素**：要反思这张图能不能发挥解释性可视化的作用。最常见的场景是，人们用探索性数据图来解释分析结果。这表明，你还不清楚到底有哪些重点需要让受众了解。
>
> **如果你要他们无视会削弱你的观点的数据**：要反思数据是否支持你想要表达的观点。要愿意在数据面前改变想法。不然的话，你就要花时间解释为什么显眼的数据没有说服你，又为什么不应该说服受众。

## 拆分有两个 y 轴的数据图

在数据探索阶段，有两个 y 轴的图效率颇高。对于经常看这种格式的图的人来说，双 y 轴数据图是有效的，但不熟悉的受众常常会感到迷惑。采用这种格式的沟通者往往是陷入了知识的诅咒。他们忘记了一点：哪种数据放在左侧 y 轴上，哪种数据放在右侧 y 轴上，这是无法给出直观理由的。

图 4.13 的内容是一家公司的订阅用户数和用户数的年增长率。两项内容共用一个双轴坐标系，柱形图对应左轴，增长折线图对应右轴。就算你习惯这种格式，也要花一点儿时间才能明白数据间的关联。两个轴采用了颜色编码——两个轴的文字分别用两种颜色——有助于减轻混淆，但还是会增加受众的认知负荷。

历年产品订购用户数与年增长率

受众难以读懂双 y 轴图。

图 4.13 历年产品订购用户数与年增长率（1）

另一种做法是保留共用的 x 轴，然后拆分成上下排列的两张图，或者直接把第二个轴的数值标记在折线上，如图 4.14 所示。

第四章 简化增效：要传达的信息

**一张图拆成两张，帮助受众理解各自编码的内容**

年增长率

历年产品订购用户数

**折线图置于柱形图上方，避免交叠，直接标明数值**

历年产品订购用户数与年增长率

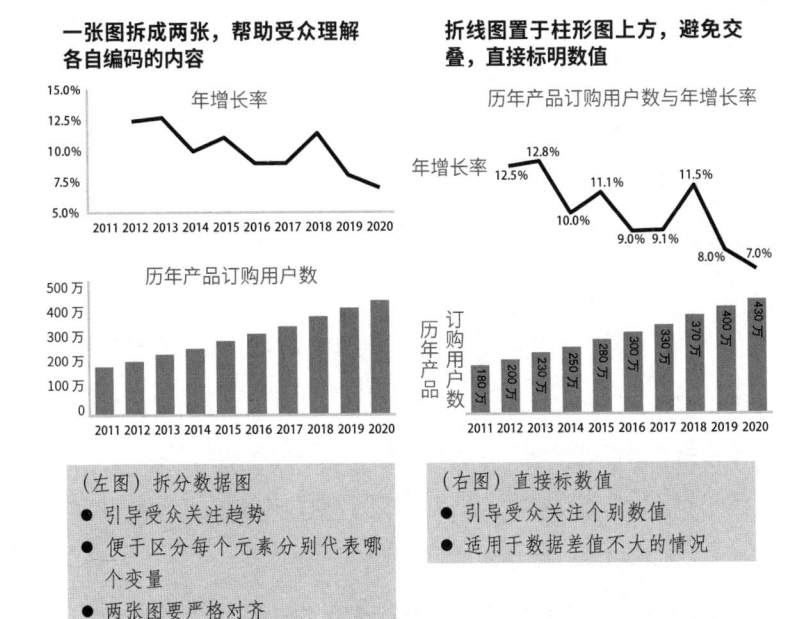

年增长率 12.5% 12.8% 11.1% 10.0% 9.0% 9.1% 11.5% 8.0% 7.0%

订购用户数 180万 200万 230万 250万 280万 300万 330万 370万 400万 430万

（左图）拆分数据图
- 引导受众关注趋势
- 便于区分每个元素分别代表哪个变量
- 两张图要严格对齐

（右图）直接标数值
- 引导受众关注个别数值
- 适用于数据差值不大的情况

图 4.14　历年产品订购用户数与年增长率（2）

## 当心：视觉设计应该力求简单，但不能过于简单

　　本章和本书最重要的主张是，视觉设计应尽可能追求简单。如果必须复杂且不能简化的话，请考虑下列工具，它们有助于控制受众的认知负荷。

　　**复杂数据图的元素要逐个展示。**对于复杂的数据图，一种控制认知负荷的方法就是分层展示，每次显示一个元素，让受众有时间先消化一个元素，然后再接触新的元素。这种做法借助了知识的诅咒。受众理解了图中的一个元素后就会忘记之前的感觉,于是可以将信息处理能力全部用于下一块信息。

**多次展示"同一个"数据图,每次有不同的标注点和高亮元素**。如果一张图有多个要点,要分多次展示,每次对不同的部分加上高亮和注释。让受众每次聚焦于一个要点,用相同的底图传达多个观点。

**考虑幻灯片以外的形式**。对高密度、高复杂度的数据图来说,幻灯片是一个劣质媒介。幻灯片移除了充分理解复杂数据图所需的语境和讨论。由于数据和场合的性质,必须用复杂数据图的话,那可以考虑有没有更适合讨论复杂议题的沟通形式,比如书面报告或长篇邮件。

**说明"他们从中能获得什么"**。受众越能理解这些数据对其日常生活有何影响,就越愿意投入心力去解码复杂信息。从设计选择层面看,要提高受众对认知负荷的容忍度,最有力的做法莫过于令人信服地解释这些数据为什么会影响受众的生活或生计。

# 本章关键概念

有效的数据图追求数据墨水比的最大。数据图设计要点如表4.4 所示。

表 4.4　数据图设计要点

| 步骤 | 检验标准 |
| --- | --- |
| 删除非数据墨水 | ● 你是否删除了所有不影响表意的元素？<br>● 你是否把争取受众信任所需的非数据墨水加了回来？ |
| 最大化数据墨水 | ● 每个元素都加上标签了吗？<br>● 文字够大吗，你的受众能看清吗？ |
| 建立视觉层级 | ● 图中最重要的视觉元素是不是视觉上最突出的元素？<br>● 所有比较对象都明确表示出来了吗？<br>● 离群值和突出点加了注释吗？ |

## 就算别的都记不住……

目标是让你的数据图像透明的窗户一样，让受众看清底层的数据。

你在内心里要从一张白纸开始，图中的每个元素都要对设想中的受众有存在意义。

设计要针对真实受众：不管本书怎么讲，你在制作数据图表时要遵从老板的格式偏好。

每当你用表示优劣的词语来形容数据点时，一定要在图中直观表现出参照点。

## 📖 习题：重画数据图

下面有两张杂乱的数据图——图 4.15 和图 4.16，请你对它们进行改进。要考虑选择最佳的样式，实现数据墨水比的最大化。题目中给出受众和讨论情境的相关信息，如表 4.5 和表 4.6 所示，你在做选择时要加以利用，引导受众将注意力聚焦到关键的比较对象上。

表 4.5 相关信息（1）

| | |
|---|---|
| 情境 | 高层次经济展望论坛（2017 年底） |
| 受众 | 各行业（不仅包括零售业）大型企业的首席财务官 |
| 沟通者 | 声望卓著，深得受众信任的市场预测公司 |
| 目标 | 向受众表明，2017 年是自 2008 年以来零售店铺倒闭最多的一年 |

## 全国零售店铺倒闭数量

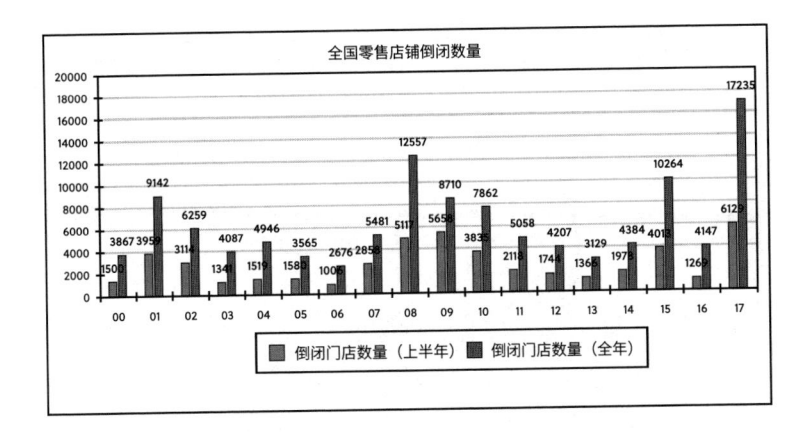

| 年份 | 倒闭门店数量（上半年） | 倒闭门店数量（全年） |
|---|---|---|
| 00 | 1500 | 3867 |
| 01 | 3959 | 9142 |
| 02 | 3114 | 6259 |
| 03 | 1341 | 4087 |
| 04 | 1511 | 4946 |
| 05 | 1588 | 3565 |
| 06 | 1005 | 2676 |
| 07 | 2855 | 5481 |
| 08 | 5117 | 12557 |
| 09 | 5656 | 8710 |
| 10 | 3835 | 7862 |
| 11 | 2118 | 5058 |
| 12 | 1744 | 4207 |
| 13 | 1365 | 3129 |
| 14 | 1975 | 4384 |
| 15 | 4013 | 10264 |
| 16 | 1269 | 4147 |
| 17 | 6125 | 17235 |

图 4.15　零售店铺倒闭

来源：新闻报道、美国证券交易委员会文件、公司估算。

表 4.6　相关信息（2）

| | |
|---|---|
| 情境 | 完整汇报幻灯片的导言页 |
| 受众 | 社区领袖，想要了解佛罗里达州威尔玛飓风后的电力恢复动态，与艾玛飓风后的情况相比如何 |
| 沟通者 | 一名受到信任的美国能源信息管理局代表，管理局负责考察与美国能源基础设施相关的议题 |
| 目标 | 说明艾玛飓风造成的停电用户数比威尔玛飓风多，但艾玛飓风后电力恢复更快 |

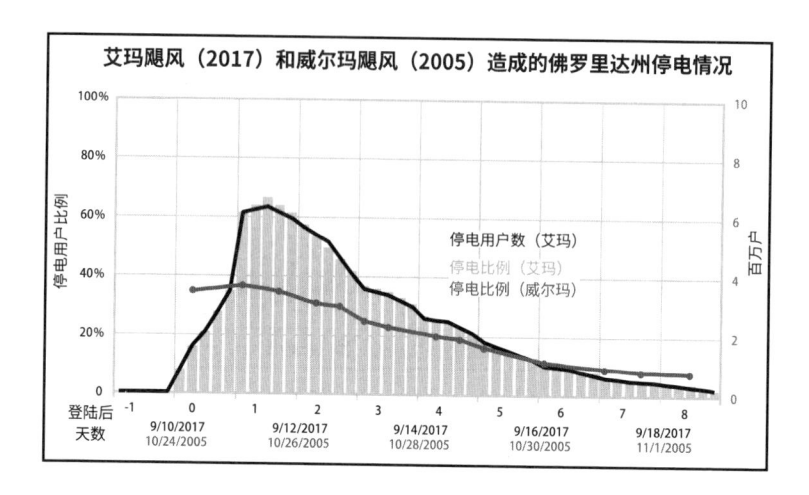

图 4.16 威尔玛和艾玛飓风后的停电状况

资料来自美国能源信息署发布于 2017 年 12 月 21 日《今日能源》(Today in Energy) 的文章《飓风艾玛导致佛罗里达州近三分之二用户停电》("Hurricane Irma cuts power to nearly two-thirds of Florida's electricity customers"),原文发布于 2017 年 9 月 20 日。图中数值为估算,数据点亦有缩减。

第五章

# 高效幻灯片

紧扣要点

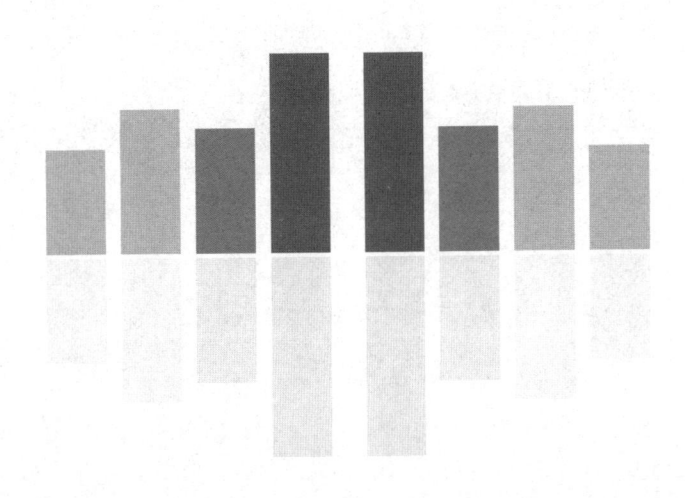

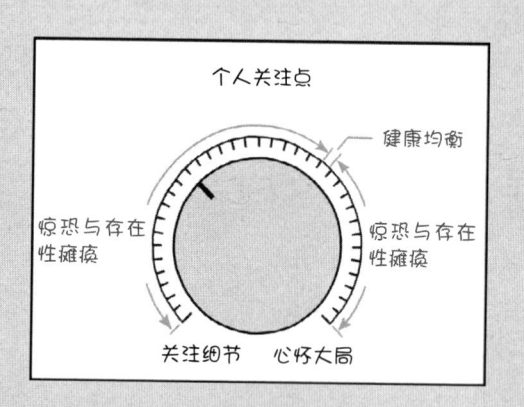

在商业领域，受众看到的数据图大部分被整合在幻灯片中。在数据图设计的基础上，本章会讲解如何制作向他人呈现数据图的幻灯片。本章聚焦于幻灯片设计里最重要的一个部分：确定每张幻灯片要表达的要点。本章会带领你将幻灯片的要点体现在提要中，还会介绍一系列检验手段，帮助你做出扎实有效的设计选择。习题要求你制作幻灯片并起好幻灯片标题。

## 每张幻灯片都要有一个要点

幻灯片要点指的是,你向这些受众展示这些数据的原因。每张幻灯片都要有一个明确的要点,以便帮助受众减轻认知负荷。因为人类只能看见突出的事物,而同一时间又只能有一个最突出的事物,所以受众一次只能吸收一个新要点。

每张幻灯片仅限一个要点,能够将概念拆分成最容易消化的部件,减轻认知负荷,也让受众能更好地理解和认可你的结论。非要在一张幻灯片里塞入多个要点,受众就难以将每块信息内化,难以记住你要表达的意思。如果为了说服受众接受你的结论,你要在报告中提出 50 个要点,那就做 50 张幻灯片。

## 要点即提要

减轻受众认知负荷,你有一件最重要的事情可以做,那就是把幻灯片的要点写在幻灯片上。所谓要点,就是受众需要从数据中获得的最重要信息。要点应该放在幻灯片最重要的位置上;用最大字号放在页面顶端。①

当幻灯片顶端的文字解释了幻灯片要点时，我们就称之为提要。你可能没见过有人用"提要"来指代幻灯片顶端的文字，那是因为并没有标准称呼。在实践中，你可能听到有人称之为"主旨标题""实际标题""题头""主题句""主题"。这里之所以用"提要"，是为了保持用词一致性，也是为了强化一个观念，即这段文字应当归纳幻灯片的要点。

因为要写提要，你就必须说明每一幅数据图、每一张幻灯片如何服务于受众的需求，从而澄清你的思维。因为要写提要，你会聚焦于受众需要明白的要点，创建的数据图表也必须阐明你的要点。

**好提要必须过三关**

1. 解释图示数据的要点；
2. 得到图示数据的支持；
3. 足够短，能以大号字体放在页面顶端。

**提要范例**

- 当针对同类手术设立统一护理团队，负责全部患者的术后恢复时，效果实现提升；
- 全公司采用统一的内容管理系统，未来两年预计可降本300万欧元；

---

① 个体阅读幻灯片的视觉路线有很大差异，但从上到下、从左到右是常规。

- 员工表示缺乏工作积极性的原因是业务流程效率低，挫败感强。

在某些机构中，提要会放在幻灯片底部。习惯要点放在幻灯片底部的受众会去那里寻找。数据呈现形式应当减轻受众的认知负荷，这是一条最佳实践。与其为变而变，遵守所在机构的既定规范更能够减轻认知负荷。

## 提要不等于标题

幻灯片顶部有文字，并不一定就代表有提要，如图 5.1 所示。制作者常常会把幻灯片顶部的文字拿来做数据图的标题，而不解释文字的含义。不解释用意的标签是标题，不是提要。

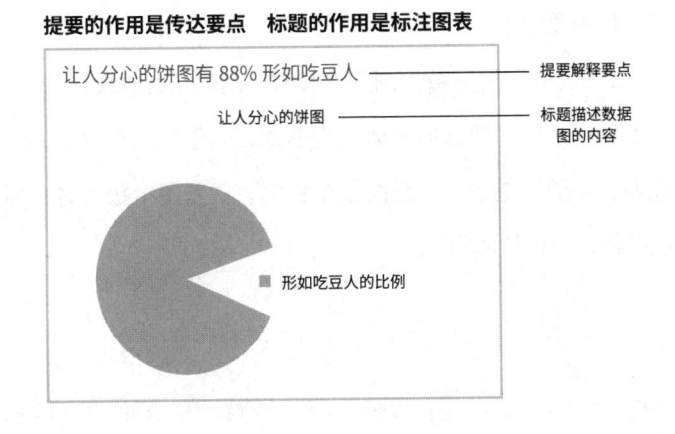

**提要的作用是传达要点　标题的作用是标注图表**

让人分心的饼图有 88% 形如吃豆人 —— 提要解释要点

让人分心的饼图 —— 标题描述数据图的内容

■ 形如吃豆人的比例

图 5.1　让人分心的饼图有 88% 形如吃豆人

虽然大部分人不区分，但这里依然用"提要"和"标题"两个词，就是为了澄清什么是提要，什么不是提要。标题指明了讨论的话题，不成句。提要则要说明数据对受众有何意义，而且几乎总是包含动词。[①]

下面是一篇虚构的诺贝尔奖得主报道文章的标题和提要，请注意比较。标题说明了文章的话题，提要解释了受众为什么应该关注这件事。

**标题**：本年度诺贝尔奖得主

**提要**：理查德·塞勒（Richard Thaler）荣获诺贝尔奖，原因是他质疑了人类做出理性经济选择的观念

标题在数据图中有固定位置，应该置于数据图上方，说明图的编码内容。提要的作用是说明向受众展示数据的用意，应该放在幻灯片的顶端。

表 5.1 比较了若干数据图标题和对应的幻灯片提要。请注意，标题可以用于同一数据的任何呈现形式，无论数据是用来表达什么观点。提要则描述了数据的某个特例。更新图中数据时，标题可以沿用，但提要不可以。

---

[①] 提要和标题的区分来自新闻行业。报刊文章的题目必须是提要，而不能仅仅是标题——幻灯片也应该如此。幻灯片提要还遵循新闻行业的另一个惯例，即提要末尾不加句号，虽然提要几乎都是完整句子。

表 5.1　标题和提要的对比

| 数据图标题 | 幻灯片提要 |
| --- | --- |
| 工作制影响离职率 | 弹性工作制可将离职率降低 8% |
| 不同颜色的毛衣销量 | 蔚蓝色毛衣销量超过其他颜色毛衣之和 |
| 试用期用户行为转化率 | 免费试用期调整通知设置的用户转为付费用户的概率高三倍 |

## 当心：浪费受众时间比解释数据更侮辱人

不习惯用提要的报告人担心会引起受众的负面反响。下面是一些常见的顾虑：

**如果我告诉受众要点是什么，那就有偏向了。难道不是应该让数据自己说话吗？** 数据不会说话。你决定了图中呈现什么数据，用什么方式呈现，这个过程就要求你做出关于数据意义的选择。这些决定都不是数据自己做出的。除非受众想要亲自走一遍探索过程，不然的话，他们邀请你分享结果，就是请你帮助他们思考数据的含义。清晰的提要会促进受众的思考，他们会感谢你的，哪怕他们不认同你的推论。

**只要看数据，重点就一目了然。如果我直接告诉他们应该得出什么结论，他们不会觉得被小看了吗？** 好的提要将认知负荷从受众转移到沟通者身上，这是在尊重受众。提要解释了数据有何意义，能让受众更快完成他们本来就在做的事：从解码数据转向理解数据的意义。尊重受众要承认现实：你报告这些信息是有目的的，你认为这些信息重要是有原因的。如果要点一目了然的话，受众会直接接受，然后往下看。提要会让受众聚焦于真正的考验：数据是否支持你得出的结论？要相信受众，他们仍然会研究数据，确认自己也得出同样的要点，但整个过程会推进得更快。

**提要有那么多字，难道不会给受众增加认知负荷吗？** 在提要中解释数据的要点，用字确实比标题多。如果你不习惯读写提要，那可能会觉得是很大的认知负荷。然而，受众付出的成本没有看上去那么大，回报则相当可观。人类每分钟能读大约 400 个单词。从 4 个单词的标题换成 10 个单词的提要，受众只需要大约一秒钟时间。有力提要的好处是，它能确保受众知道你为什么向他们分享这些数据。受众能够快速判断数据是否支持你提出的观点。受众纠结无关或次要观点的可能性也会减小。

## 用提要让数据图更清晰

提要能让数据图更聚焦，解释力更强。下面的几张幻灯片改编自真实案例，展示了明确要点和撰写提要的好处，能够让数据图更好地支持你的观点。在下面的例子中，原版幻灯片有标题，但没有提要。后来，作者根据受众反馈，制作了新版幻灯片。请对两个版本进行比较，注意提要不仅指明了幻灯片的要点，还启发作者修改了幻灯片中的其他元素。

# 用提要聚焦要点

图 5.2 所示幻灯片的受众是医院领导,领导正在决定医院应当聚焦于哪一种心脏瓣膜置换术。在医疗领域,卡普兰·迈尔生存率估计(The Kaplan Meier survival rate estimator)用于衡量干预手段的效果。生存率越高,术后活下来的患者就越多。图中的三条线对应三种不同的心脏瓣膜置换术。

**标题没有表现出要点**

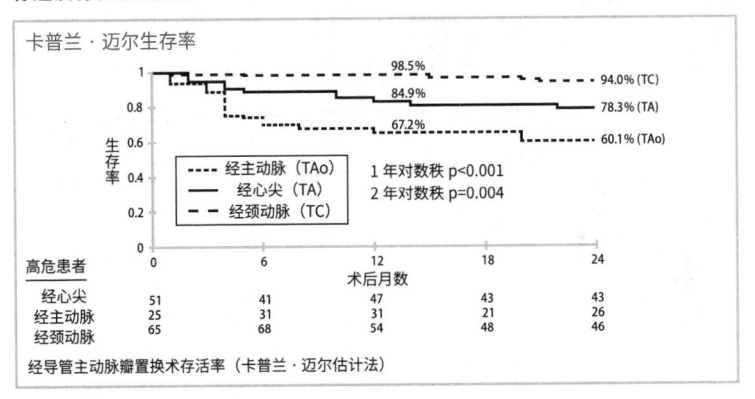

| 卡普兰·迈尔生存率 | | | | | |
|---|---|---|---|---|---|
| | | 98.5% | | 94.0% (TC) | |
| | | 84.9% | | 78.3% (TA) | |
| | | 67.2% | | 60.1% (TAo) | |

经主动脉(TAo)
经心尖(TA)
经颈动脉(TC)

1 年对数秩 $p<0.001$
2 年对数秩 $p=0.004$

术后月数

| 高危患者 | 0 | 6 | 12 | 18 | 24 |
|---|---|---|---|---|---|
| 经心尖 | 51 | 41 | 47 | 43 | 43 |
| 经主动脉 | 25 | 31 | 31 | 21 | 26 |
| 经颈动脉 | 65 | 68 | 54 | 48 | 46 |

经导管主动脉瓣置换术存活率(卡普兰·迈尔估计法)

图 5.2 幻灯片 1

来源:医院经主动脉心脏瓣膜置换数据库(9 月)。

**加入提要有助于作者发现和删除多余墨水**

图 5.3 所示新版幻灯片将受众注意力聚焦于效果更好的方案,从而减轻了认知负荷。提要也有助于在场的非心血管科专家明白,数据图主要是为了比较不同类型手术的术后生存率。

通过加入提要，作者对受众需求有了更好的认识，也删除了多余的墨水。作者删除了图例，用手术类型标记每条线，从而让受众聚焦于幻灯片的要点。因为这家医院的规范是只展示统计显著数据，而且幻灯片的重点是最终生存率，所以作者删除了一年期数据点的标签，将统计数据都转移到注释中，供有需要的人查看。新旧幻灯片包含的数据几乎相同，但对受众来说，新版要清晰得多。

**提要有助于删除多余墨水**

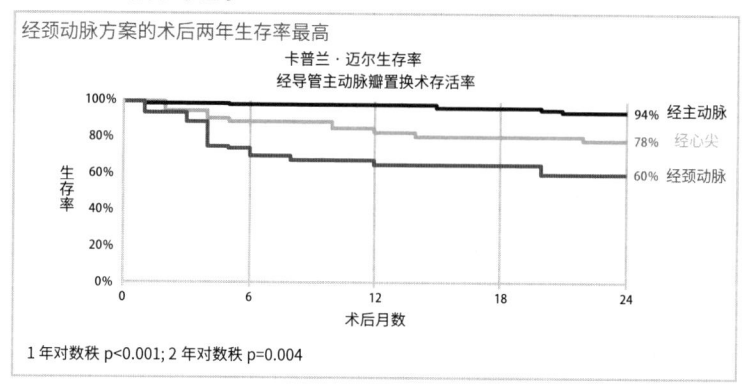

经颈动脉方案的术后两年生存率最高

卡普兰·迈尔生存率
经导管主动脉瓣置换术存活率

94% 经主动脉
78% 经心尖
60% 经颈动脉

生存率

术后月数

1 年对数秩 p<0.001; 2 年对数秩 p=0.004

图 5.3　幻灯片 2

来源：医院经主动脉心脏瓣膜置换数据库（9 月）。

## 用提要明确比较对象

图 5.4 所示幻灯片的受众是一家公司的技术部门负责人，他们正在决定是否投资开发软件更新自动化部署工具。

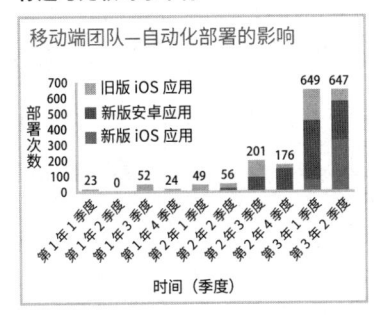

| 标题与比较对象不符 | 提要有助于明确比较对象 |
|---|---|
| 移动端团队—自动化部署的影响 | 自动化部署工具提高了部署速度 |

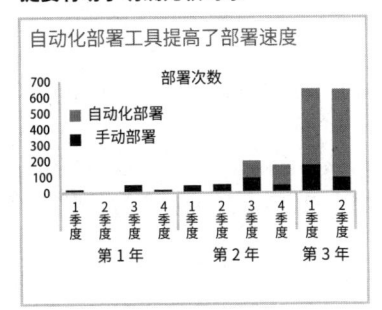

图 5.4　幻灯片 3

来源：移动端团队项目组。

**确定要点有助于作者确定正确的比较对象**

在图 5.4 左图中，由于知识诅咒的作用，作者以为受众知道公司的新版安卓和新版 iOS 应用内置了自动化部署工具。工具加快了软件更新的发布速度，也能让组织以远高于先前的频率进行更新。

确定了幻灯片的要点后，作者意识到，按应用类型划分数据的做法无益于幻灯片的讨论意图：自动化部署工具的价值。图 5.4 右图所示新版幻灯片的划分标准不再是操作系统，而是部署类型。修改过程帮助作者发现了最能够支持其要表达的观点的比较内容。

# 你的幻灯片是否做到了清晰有力

有了指明重点的提要，你可以对幻灯片进行一系列检验，目的是提升数据的清晰度和力度。通过全部下列检验的幻灯片更有可能为受众提供高价值，同时维持低认知负荷。每做一张幻灯片，你都要问自己以下问题：

1. 幻灯片是否通过了自足检验？
2. 幻灯片是否通过了眨眼检验？
3. 数据是否支持提要？
4. 幻灯片用语是否一致？

# 1. 幻灯片是否通过了自足检验？

幻灯片自足的意思是，如果去掉提要或数据图，受众依然能够理解幻灯片的重点。幻灯片通过自足检验的条件是：[①]

（1）只保留提要，去掉数据图，**幻灯片受众**仍然能够理解数据的要点；

（2）只保留数据图，去掉提要，**幻灯片受众**仍然能够推断出提要的内容，并且**相信提要**。

第一条自足检验的基础是提要规则。按照定义，提要必定会通过第一条自足检验，因为提要就是向受众解释幻灯片的要点。如果你的提要不满足自足检验，那就是幻灯片有偏差，而不是提

---

[①] 冯启思（Kaiser Fung）提出了一种类似的自足检验，要求如下：
- 数据图里去掉数字，依然能体现正确的关系；
- 通过数据图能正确估算出数字的相对大小。

本书采用的版本还借鉴了他的三联表，那也是一种优秀的检验工具。Kaiser Fung, "The Self-Sufficiency Test," *Junk Charts*, October 1, 2005, https://junkcharts.typepad.com/junk_charts/2005/10/the_selfsuffici.html.

要没写好。

如果幻灯片不满足第二条自足检验,那就是数据图信息不足,无法支持提要。常见原因是,作者希望受众比较某个方面,但没有在图中呈现出来。因为所有数据图都是比较,所以凡是你想要受众比较的元素,都必须体现在图中;否则的话,受众就会对数据进行内部比较了。

图5.5—图5.8展示了一些不满足自足检验的常见情形,并配了改进后的版本,新版将提要中给出的比较对象的全部要素都呈现了出来。

## 呈现比较指标

**图中没有比较指标**

新产品销量疲软
发售后每月销售件数

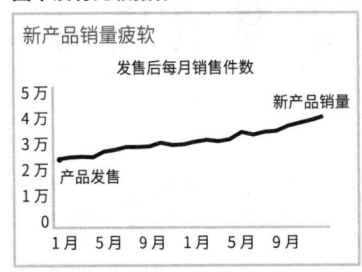

**图中体现了比较指标**

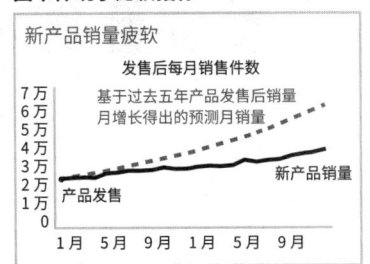

新产品销量疲软
发售后每月销售件数
基于过去五年产品发售后销量月增长得出的预测月销量

图5.5 幻灯片4

来源:月度销售报告。

**第一个版本没有给出充分的比较指标**

在不满足自足检验的情况中,最常见的是数据图没有直观给出好坏、强弱、快慢的比较关系。图 5.5 左图没有提要，受众看不出新产品销量疲软。要让图实现自足，作者就需要呈现出判断新品发售成败所需的所有比较对象。图 5.5 右图中加入了预测销量，受众就能够理解要点了：新产品销量不及基于先前产品发售得出的预测水平。

## 呈现阈值和目标

**未体现绩效阈值**

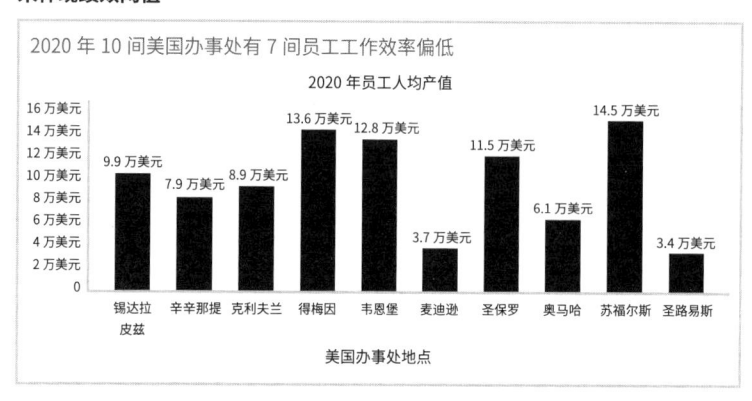

| 2020 年 10 间美国办事处有 7 间员工工作效率偏低 |
| --- |
| 2020 年员工人均产值 |

| 办事处 | 人均产值 |
| --- | --- |
| 锡达拉皮兹 | 9.9 万美元 |
| 辛辛那提 | 7.9 万美元 |
| 克利夫兰 | 8.9 万美元 |
| 得梅因 | 13.6 万美元 |
| 韦恩堡 | 12.8 万美元 |
| 麦迪逊 | 3.7 万美元 |
| 圣保罗 | 11.5 万美元 |
| 奥马哈 | 6.1 万美元 |
| 苏福尔斯 | 14.5 万美元 |
| 圣路易斯 | 3.4 万美元 |

> 这张幻灯片没有通过自足检验，因为图中信息不足以支持提要。

图 5.6　幻灯片 5

来源：2020 年公司绩效报告。

**第一个版本没说什么是偏低**

因为受众看不到生产效率目标，所以第一张图不自足。一定要体现阈值和目标。图 5.7 所示新版体现了提要中的所有概念：

- 加入了代表生产效率目标的参考线；
- 按照绩效给办事处排序，帮助受众分组；
- 绩效偏低的办事处采用了更深色调，起到引导注意力的作用。

**体现了阈值**

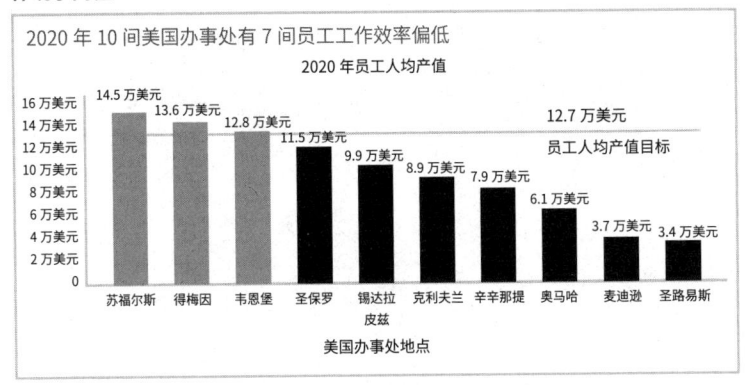

2020年10间美国办事处有7间员工工作效率偏低
2020年员工人均产值

| 办事处 | 人均产值 |
|---|---|
| 苏福尔斯 | 14.5万美元 |
| 得梅因 | 13.6万美元 |
| 韦恩堡 | 12.8万美元 |
| 圣保罗 | 11.5万美元 |
| 锡达拉皮兹 | 9.9万美元 |
| 克利夫兰 | 8.9万美元 |
| 辛辛那提 | 7.9万美元 |
| 奥马哈 | 6.1万美元 |
| 麦迪逊 | 3.7万美元 |
| 圣路易斯 | 3.4万美元 |

员工人均产值目标 12.7万美元

美国办事处地点

图 5.7　幻灯片 6

来源：2020 年公司绩效报告。

## 呈现因果假设

### 第一个版本不足以证明提要中提到的因果关系

图 5.8 左图所示的原幻灯片没有通过第二条自足测验，因为数据图中没有显示提要中提到的事件。它不足以表达投诉数在新版软件上线后跃增的信息。

图 5.8 右图中数据图添加了 Citigage 2.0 的上线时间。虽然上线后出现上涨势头达不到证明因果关系的学术标准，但作者觉得，幻灯片里的其他数据证明了因果关系，而且目标受众也不会

– 139 –

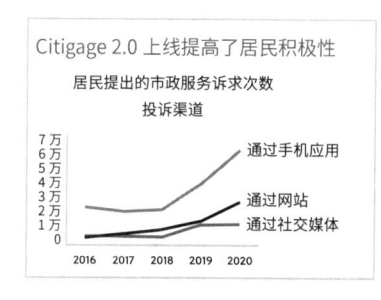

有异议。如果面向的是另一批受众，作者可能需要补充数据。

**未呈现因果关系**　　　　　　　　　**呈现了因果关系**

图 5.8　幻灯片 7

来源：Citigage 用户资料。

**如果聚焦于其他更能证明因果性的数据，幻灯片的**
**质量会更高**

理想情况下，随机检验可以证明 Citigage 2.0 上线导致了积极性上升。如果随机检验不可行的话，那可以与其他仍在使用 Citigage1.0 版本的城市进行比较，同样有助于支持论点。

## 2. 幻灯片是否通过了眨眼检验？

下一个检验解释性数据可视化是否有力的方法是眨眼检验（又名"看一眼检验"）。通过的标准是，听众随便看一眼，或者一眨眼的时间都不到，就明白了幻灯片主要是比较什么。相比于幻灯片通过眨眼检验有什么好处，不通过的坏处要更明显一些。

第五章 高效幻灯片：紧扣要点

如果幻灯片没有通过眨眼检验，兴趣不大的受众会得出错误结论，兴趣浓厚的受众则会质疑信息提供者。如果不相信你的幻灯片的受众在细看之后，还会得出与乍看时相同的信息，那他们可能就会怀疑你的底层分析是否经得起推敲。

下面展示了一些未通过眨眼检验的常见情况，并配上了突出要点的改版，见图5.9—图5.13。

## 视觉上要突出比较对象

你想要受众聚焦于图中的哪些元素，就应该让哪些元素最显眼。与图5.9对比，图5.10所示的新版幻灯片对丹特丽用高对比色，其他零售商用低对比色，从而引导受众关注提要的要点。

**突出了错误的元素**

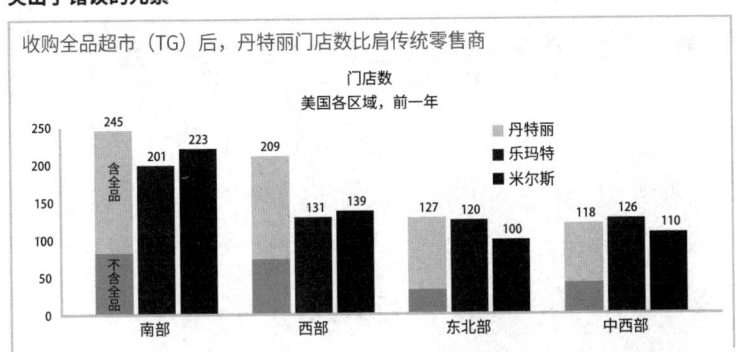

收购全品超市（TG）后，丹特丽门店数比肩传统零售商

门店数
美国各区域，前一年

| | 南部 | 西部 | 东北部 | 中西部 |
|---|---|---|---|---|
| 丹特丽 | 245 | 209 | 127 | 118 |
| 乐玛特 | 201 | 131 | 120 | 126 |
| 米尔斯 | 223 | 139 | 100 | 110 |

南部丹特丽分为：含全品、不含全品

色调将受众注意力集中到乐玛特和米尔斯的比较上。

图5.9 幻灯片8

来源：《大街日报》。

- 141 -

**突出重点**

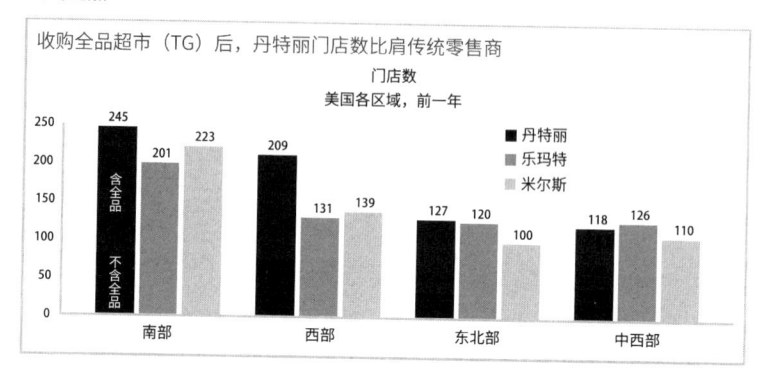

收购全品超市（TG）后，丹特丽门店数比肩传统零售商

门店数
美国各区域，前一年

| | 南部 | 西部 | 东北部 | 中西部 |
|---|---|---|---|---|
| 丹特丽 | 245（含全品）/ 不含全品 | 209 | 127 | 118 |
| 乐玛特 | 201 | 131 | 120 | 126 |
| 米尔斯 | 223 | 139 | 100 | 110 |

> 运用色调差异，新版引导受众关注作者希望进行的比较。

图 5.10　幻灯片 9

来源：《大街日报》。

---

> **当心：在一张幻灯片里用多幅图表达一个观点**
>
> 每张幻灯片只表达一个观点，那每张幻灯片就只能放一幅数据图。要遵守这条规则，除非有某个观点需要用两张图表示。一般来说，多图幻灯片应仅限于这种场合：受众需要比对两幅图才能理解要点，而且分开看两张图也不行。

## 图文一致

大部分指标是以上为好。当数据图趋势向下时，不要用"改善"和"增加"这种词。图 5.11 所示新版幻灯片通过了眨眼测试，方法是调整了提要用词，使其与图形匹配，并加入合理失误率的目标线，从而直观体现了期望的结果。

**趋势"反了"**

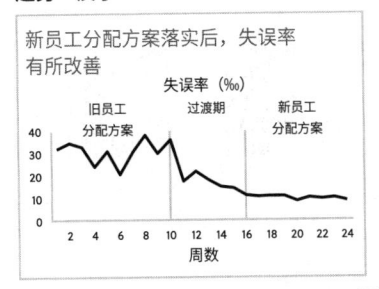

新员工分配方案落实后，失误率有所改善

**加入提示语，说明"好"的标准**

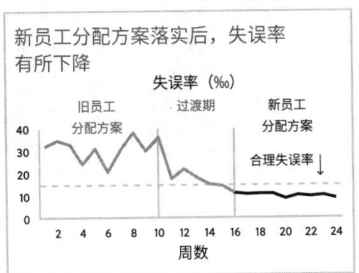

新员工分配方案落实后，失误率有所下降

（左图）受众通常认为向下是变坏。
（右图）标明哪个方向是"变好"，有助于引导受众的注意力。

图 5.11　幻灯片 10

来源：《全国工业协会年报》。

## 呈现加总数和平均数，以便比较

提要中讲到的关系一定要体现在图中，那才能通过眨眼测验。图 5.12 所示的原图要求受众比较不同的语音识别服务，但没有给出明确的比较指标，没有通过眨眼测验。图 5.13 所示的新版加入了一条平均水平线，方便受众比较各项服务，也为提要提供了支持。

- 143 -

**比较指标不清晰**

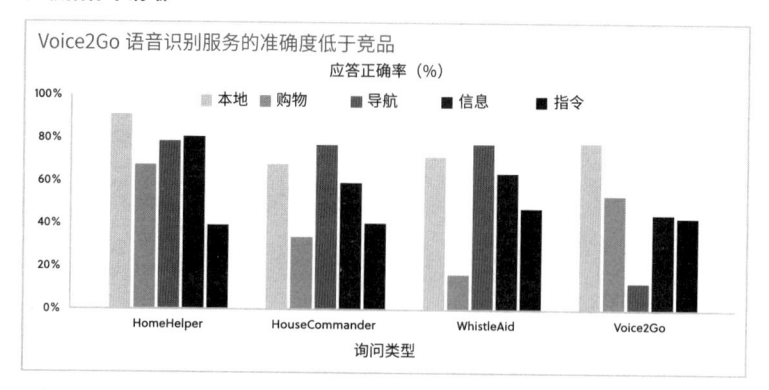

图 5.12　幻灯片 11

来源：《分析风投研究》。

**体现了比较指标**

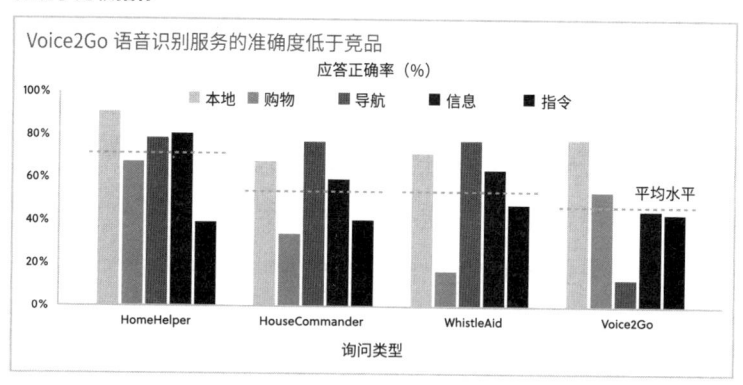

平均水平线明确了比较对象。

图 5.13　幻灯片 12

来源：《分析风投研究》。

## 当心：幻灯片要有可读性

幻灯片要有可读性，才会有力度。要考虑受众最可能在什么场合见到幻灯片，保证受众总能读懂图中的内容。

可读性最大化并无一定之规，但字号和颜色是两个要考虑的维度。受众越难看到幻灯片，字号就要越大，数据图能承载的复杂度也越低。这意味着，在礼堂里播放或在手机屏幕上阅读的幻灯片需要加大字号，减少图中的元素数量。受众看都看不清的小字是最能增加认知负荷的。

还要记得考虑色觉障碍人群。最常见的色觉障碍是红绿色盲。尤其要注意只用红色和绿色圆圈代表项目状态，且没有其他语境线索作为辅助的情况。

可读性是无障碍性的一种形式。无障碍是一条设计原则，要求让尽可能多的人能够通过尽可能多的不同渠道，无障碍地获取资源。无障碍运动的初衷是为了让能力水平各异的人都能获取资源——包括电子和非电子形式——如今泛指各种设计调整手段，目的是帮助尽可能多的人通过尽可能多的途径获取资源。在设计幻灯片时，你有责任为受众的需求和局限性服务。你创建的幻灯片和数据图，应该让全体受众都能获取你通过分析得出的知识。

## 3. 数据是否支持提要？

幻灯片呈现的数据应当为提要提供充分且必要的支持。一个常见误区就是，提要超出了数据。发出倡议的提要常常落入这个陷阱。这种幻灯片给出的证据常常能够为行动提案给予部分支持，但跳过了其他逻辑上必要的证据，直接发出倡议。

在图 5.14 所示的例子中，提要主张公司应该追加人手，加快提交计划书的速度。数据表明，公司平均 6.5 周提交一份计划书，而行业平均水平是 4.2 周。

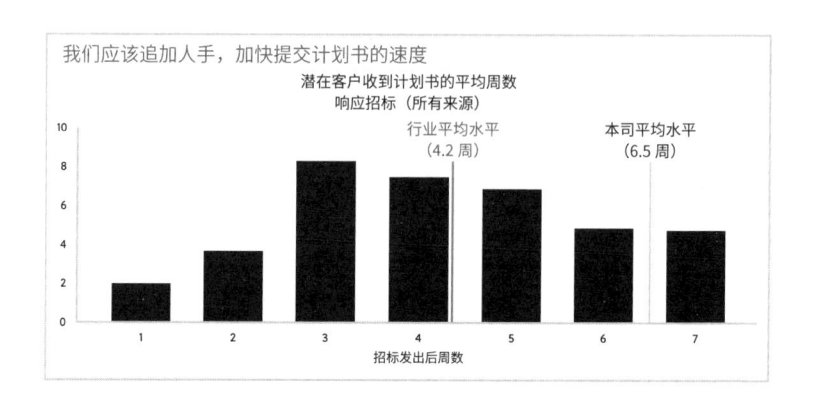

图 5.14　幻灯片 13

来源:《全国工业协会年报》。

公司耗时与行业耗时存在差距，意味着有方法能够缩短响应时间。然而，图中数据不足以表明追加人手能解决问题，甚至不能表明这是一个问题。人手不足可能并非公司响应时间多于行业平均水平的原因。也许这家公司有更多时间打磨计划书，所以赢得订单的数量远多于同行。只用一张幻灯片的话，不太可能论证追加人手的合理性。为了用幻灯片说明这一主张，你至少还需要说明三件事：

- 追加人手会减少提交计划的耗时；
- 加快提交计划书能够赢得更多订单；
- 追加人手赢得的新订单能够证明增加成本的合理性。

提要超出幻灯片数据范围之所以常见，是因为往往奏效。当受众和报告人有同样的隐含预设时，可能不会有人注意到逻辑漏洞。如果这家公司的决策者本就相信团队人手不足，而且加快响应速度能赢得更多订单，那么，以上证据可能就会促使其招人。然而，当受众的隐含预设与报告人不同时，幻灯片就会失效。在最坏的情况下，受众可能会相信报告人有意隐瞒削弱其观点的证据，所以才直接跳到结论。

## 4. 幻灯片用语是否一致？

要求受众心算，提要与幻灯片用语不一致，这是两个增加受众认知负荷的常见误区。避免重复或许是写作的良训，但在幻灯片设计中就是恶习。保持提要和幻灯片用语一致会提高幻灯片的质量。提要中的任何数字都要出现在数据图中，省得受众要自己心算，如图 5.15 和图 5.16 所示。

**原版用语不一致，还要求受众心算**

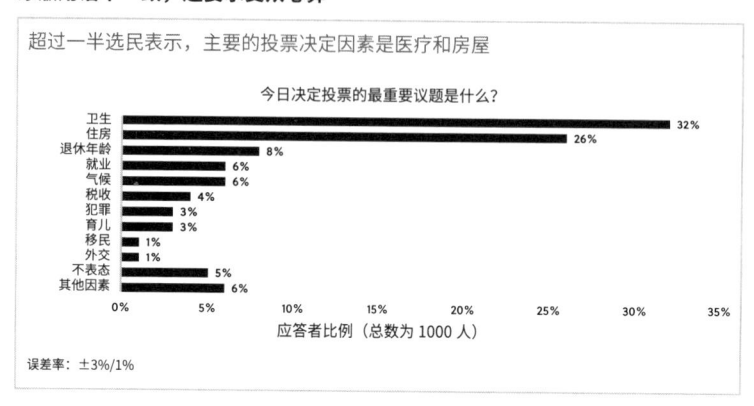

超过一半选民表示，主要的投票决定因素是医疗和房屋

今日决定投票的最重要议题是什么？

| 议题 | 比例 |
|---|---|
| 卫生 | 32% |
| 住房 | 26% |
| 退休年龄 | 8% |
| 就业 | 6% |
| 气候 | 6% |
| 税收 | 4% |
| 犯罪 | 3% |
| 育儿 | 3% |
| 移民 | 1% |
| 外交 | 1% |
| 不表态 | 5% |
| 其他因素 | 6% |

应答者比例（总数为 1000 人）

误差率：±3%/1%

"超过一半"需要受众找到最上面的两个因素，然后将比例加总。
"医疗"和"房屋"这两个类别没有在数据图中出现。
"选择"一词没有在数据图中出现。

图 5.15　幻灯片 14

来源：改编自爱尔兰国家公共服务选举结果：https://www.rte.ie/news/election-2020/2020/0209/1114111-election-exit-poll/。

## 新版统一了用语，减轻认知负荷

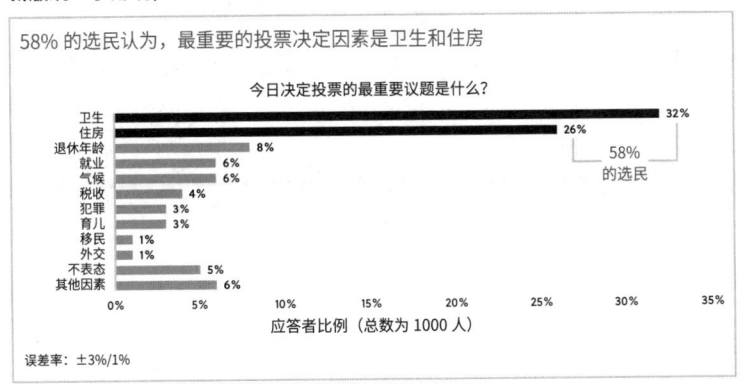

58% 的选民认为，最重要的投票决定因素是卫生和住房

今日决定投票的最重要议题是什么？

| 议题 | 比例 |
|---|---|
| 卫生 | 32% |
| 住房 | 26% |
| 退休年龄 | 8% |
| 就业 | 6% |
| 气候 | 6% |
| 税收 | 4% |
| 犯罪 | 3% |
| 育儿 | 3% |
| 移民 | 1% |
| 外交 | 1% |
| 不表态 | 5% |
| 其他因素 | 6% |

应答者比例（总数为 1000 人）

58% 的选民

误差率：±3%/1%

提要中的数字 58% 出现在数据图中。
提要中的类别与图中出现的类别一致。
提要的关键词是"最重要议题"，与图中显示的问题用语一致。
图中用强弱来引导受众聚焦要点。

图 5.16　幻灯片 15

来源：改编自爱尔兰国家公共服务选举结果：https://www.rte.ie/news/election-2020/2020/0209/1114111-election-exit-poll/。

### 当心：清晰有力的幻灯片不容易被他人误用

幻灯片很容易被他人误用。脱离语境后，其他沟通者往往会从同样的数据中得出不同乃至相反的结论。当其他人将你的幻灯片贴到自己的演示文稿中[1]，这个过程——就像传话游戏一

---

[1] 演示文稿在英文里通常叫作 deck，本意是一副纸牌，这里借指一组幻灯片。这个词似乎起源于个人计算机出现前的年代，当时的幻灯片是 35 毫米胶片，用专门的投影仪播放。这种幻灯片显然更像纸牌，于是盛放幻灯片的托盘就叫作 deck。

样——会扭曲受众对数据意义和适当解读方式的认识。

通过本书两条检验的幻灯片被误用的可能性会大大降低。如果你的幻灯片有清晰的提要，且明确提出了你想要进行的比较，从而通过了自足检验，又通过一致的用语强化了比较对象，那别人就很难用你的幻灯片来支持另外的观点了。

# 本章关键概念

好的提要是高效幻灯片的基础，详见表 5.2。

表 5.2　高效幻灯片自查表

| 检验标准 | 检验方法 |
| --- | --- |
| 包含提要 | 幻灯片是否解释了这些受众为什么要看这张数据图？提要里有动词吗？ |
| 通过自足检验 | 受众能否仅凭提要就明白你要讲的重点？受众能够仅凭数据图就推测出并相信你的提要？ |
| 通过眨眼检验 | 受众是否一眨眼就能从数据中看到你要传达的要点？一眨眼看出的要点与细看后得出的要点是否相同？ |
| 数据支持提要 | 如果受众认可幻灯片中展示的数据，那么，这些数据是不是受众认同提要的必要且充分的条件？ |
| 用语一致 | 提要与数据图的用语是否一致？图中是否出现了提要里的每一个数字，免得受众自己心算？ |

## 就算别的都记不住……

减轻受众认知负荷，你有一件最重要的事情可以做，那就是把幻灯片的要点写在幻灯片上。

通过眨眼检验。

如果不相信你的幻灯片的受众在细看之后，还会得出与乍看时相同的信息，那他们可能就会怀疑你的底层分析是否经得起推敲。

避免重复或许是写作的良训，但在幻灯片设计中就是恶习。

### 📖 习题：看提要，画幻灯片

表 5.3 给出了若干提要，请分别简要画出对应的幻灯片，借此磨炼制作技能。每张幻灯片都要包含通过自足测验和眨眼测验所需的全部元素。要确保数据支持提要且用语一致。

表 5.3　习题

| 提要 | 简要画出对应的幻灯片 |
|---|---|
| 去年因意外事故而损失的工时数为 648 个小时，超过其他原因的总和 | 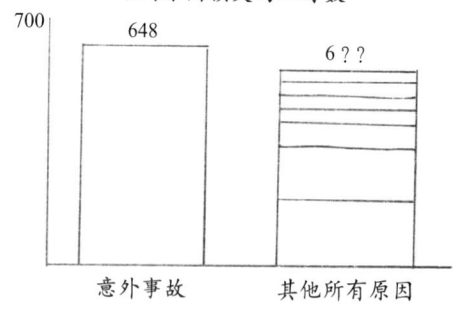 去年因意外事故而损失的工时数为 648 个小时超过其他原因的总和。<br>不同原因损失的工时数<br>（柱状图：意外事故 648，其他所有原因 6??） |
| 拨打客服电话的以回头客为主 | |
| 本公司加班员工的成交率并没有更高 | |
| 《华尔街日报》专访拉高了网站流量，但没有带动销量 | |
| 加入"#6 让你大开眼界"让脸书广告点阅率提高了 24% | |

# PART III

**第三部分**

# 数据组织

如何将数据组织为有说服力的沟通内容

第六章

# 建立数据结构

方便他人理解

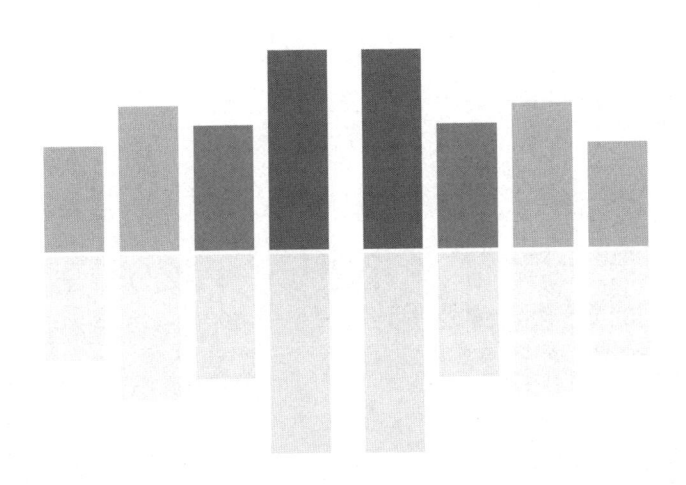

清晰沟通建立在清晰逻辑的基础上。第三部分的关注点不再是制作高效的数据图，而是转向将数据图整合成有说服力的沟通所需的技能。本章会介绍一种思路整理工具——明托金字塔（Minto pyramid），目的是加强沟通的清晰度，用故事来确定主旨，检验论证的逻辑严谨性。最后一节会介绍如何轻松改造明托金字塔，以用于各类沟通场景。习题要求你基于一个商业案例和受众需求，给出有说服力的论证结构。

## 开头就要想着结尾

要想制作出高效的解释性数据图,你就必须摆脱知识的诅咒,从受众的视角重新审视自己的思路。要制作完整的沟通文稿,解释你的分析成果,你需要经历一次同样巨大的思维模式转换。你要将焦点从制作单张幻灯片转向建立一整套话语结构,让受众尽可能清晰地获取信息。这里回顾第一章里的一个比喻:高效沟通就是一条笔直的大道,直接带受众去看他们关心的黄金,而不会讲述你白跑了多少个地方。

一切高效沟通的基础都在于结构。尽早花时间思考最终沟通时要采取的结构,你的分析会更有说服力,更容易让受众接受,浪费的精力也会更少。有了扎实的结构基础,你就可以快速调整内容,适应几乎任何沟通场景,不管是形成文件或演示文稿,乃至非正式的交谈。

本章会介绍明托金字塔,这是一种有助于各种结构化沟通的工具。本章将讲解以下问题:

- 如何用故事来确定主旨;

- 如何用主旨建立明托金字塔；
- 如何组织观点，减轻认知负荷；
- 如何用逻辑推理来支持观点；
- 如何将明托金字塔转化为各类沟通形式。

# 用明托金字塔建立沟通结构

明托金字塔是一种着眼于最终沟通形式的思维组织工具，如图 6.1 所示，得名于推广者芭芭拉·明托（Barbara Minto）。明托金字塔的内核是：受众需要知道哪些信息？受众需要哪些证据才能认可你的观点？[1]

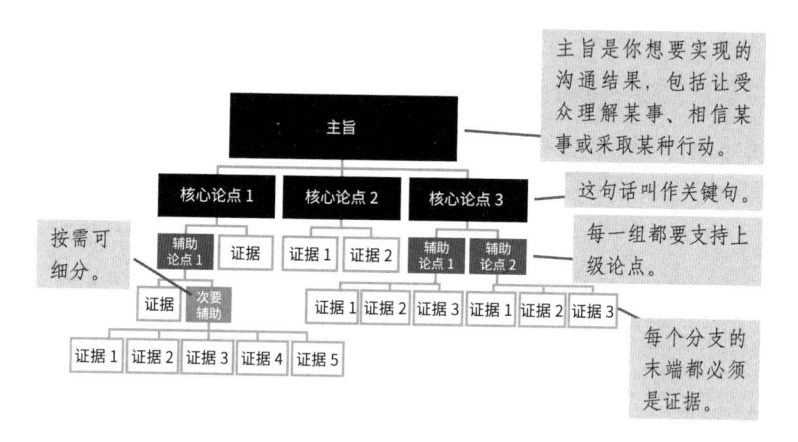

图 6.1 明托金字塔：树状分岔论证结构

---

[1] 芭芭拉·明托在麦肯锡咨询公司工作时建立了金字塔理念。她写了《金字塔原理》(*The Pyramid Principle*) 一书，还组织了几十年的工作坊活动，借此推广金字塔理念。她的方法被专业服务公司广为采纳，这些公司的核心业务就是传达分析成果。本章受惠于明托本人的支持，以及金字塔方法数十年来的实操检验。

支持主旨的是一组核心论点。芭芭拉·明托将这组论点称为"关键句"。关键句中的每个论点都支持顶端的主旨。关键句整体就应该是受众认同你的主旨所需相信的观念。换句话说,如果受众同意了你的全部核心论点,那他们就应该愿意接受你的主旨。

芭芭拉·明托提出,金字塔的每个思考层级都由一系列问题和回答组成,每个证据组块都提出一个问题,然后由下一级组块给出回答,如图 6.2 所示。运用这种问答对话的形式,从结论出发,倒推出支持每个论断所需的证据。

**金字塔是序列问答结构**

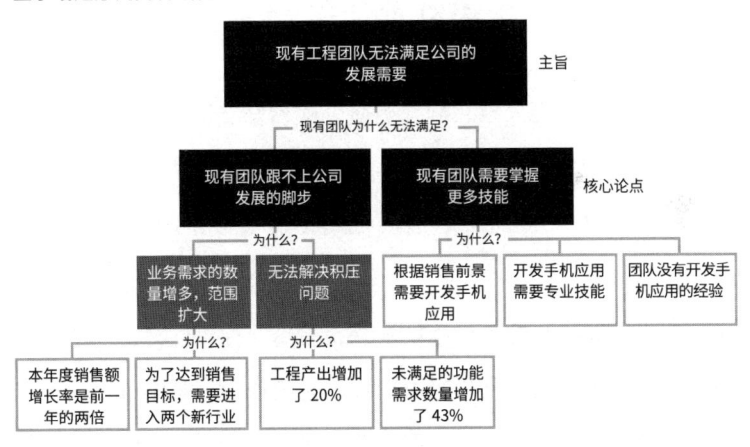

图 6.2 序列问答结构示例

明托金字塔的层级数量可以按需添加,没有上限。每个组块都回答了上级论点提出的问题,同时归纳了所有的下级论点。最下面一排的证据支撑着整个推理链条。

虽然明托金字塔的层级数量可以按需添加，但每一级的组块数量不应过多。因为大脑是分块处理信息的，在任意给定时间只能处理三或四块，所以要利用金字塔结构将块分组，每组包含合理数量的观点。目标是深入，不是发散。你可以将每个组块都设想为一个抓手，受众可以顺着一级一级往下走，直到你给出的证据。由于有这样的深度，明托金字塔可以解释复杂概念是如何从观察到的证据中浮现的。金字塔要求你展示推理过程的每一步，从证据直到最终结论。

## 开始分析前就要建好金字塔

明托金字塔是大纲。刚开始研究就列好学期论文大纲，这样做有利于整理思路和研究聚焦。同理，用分叉树来建立思考框架在分析初期也是有价值的。你可以用金字塔结构来拆解问题，建立分析框架。[1]

如果你要在开始分析前就建立金字塔，你可以将金字塔理解为一组要通过数据和分析来肯定或否定的假设。科学假设会提出关于结果的假设，目的是说明哪些实验可能会否定这些假设。同

---

[1] 芭芭拉·明托不主张这么早就用金字塔结构。虽然她提出了多种多样的问题解决思路，其中很多也用到了树状分岔结构，但她将分析过程与沟通过程分离开了。由于树状分岔结构是厘清思路的有力手段，所以我见过有人在解决问题过程的初期加以成功运用，尤其是你对问题结构有了一定认识的情况下。为简便起见，我会在全书中用"明托金字塔"指代一切形式的树状分岔结构，不管是否用于制定分析结果的沟通框架。在此向芭芭拉·明托表示歉意。

理，你提出的关于"数据可能会表明什么观点"的假设，也有助于你找到能高效肯定或否定假设的分析。头脑清楚了，你就能够聚焦地运用时间和精力。接下来，你会根据实际发现来修改金字塔，正如优秀科学家会根据实验结果来调整看法。

建设性分析过程的出发点与切实的明托金字塔是一样的：要明白你的分析回答了什么问题，你的受众为什么要关心这个问题。[1] 这个问题的答案就是金字塔结构的驱动力，而通往问题的道路是由一段故事铺就的。故事的主题是，为什么要进行这段分析？

## 从故事入手，确定主旨

学习过严格数据分析或科学研究的人，往往与"故事"这个概念有复杂的关系。对他们中的许多人来说，这个词本身就与虚构挂钩，因此与事实截然相反。但是，故事也可以是真实的，而且是人类组织、传递和延续信息的最强大手段之一。

虽然故事的定义有很多，但最简单的一个是：故事提出了一个事件因果链，有开头，有中段，有结尾。训练有素的分析师知道，建立真正的因果关系需要严格分析，现实世界往往并没有清晰的开头、中段和结尾。尽管如此，每段分析至少都包含一个故事：这段分析为什么要存在？为什么值得被关注？

---

[1] 第七章会详细讨论如何向受众指出 WIIFT。

在制作明托金字塔时，你要能够向受众说明分析过程。对你来说，这是一个讲故事的过程，而受众也需要清晰的故事，才能明白为什么应该将宝贵精力投入一项认知要求很高的任务上，也就是消化你的逻辑论证。

创作这篇故事也是分析过程的一个关键步骤，因为故事验证了一点，即你的分析解决了受众关心的一个问题。故事有助于得出明托金字塔的主旨，也指导了由主旨得出的沟通框架。故事还可以充当沟通的序言。

演示文稿专家南希·杜阿尔特在《用数据讲故事》中对芭芭拉·明托的原版框架进行了简化，提出序言故事可以采取三步法，用情境、困境和解决来代表故事的开头、中段和结尾。①

与所有优秀框架一样，只要你理解了各个组成部分，它就能适用于多种多样的情况。

- **情境**就是分析产生的背景，是一组所有人都认同的无争议事实。
- **困境**解释了为什么有人应该关注和思考这一情境，常常会介绍已经发生的变化，或者需要进一步探究的原因。这是推动故事前进的戏剧冲突，也是戏剧张力的来源。正是因为有足够大的张力，才有人进行分析与后续的沟通。

---

① 芭芭拉·明托的原始版本中也包括情境和困境，但将解决分成了问答两步。我之所以采用杜阿尔特的简化版，是因为我认为简洁的好处大于细节的损失，但损失也是真实存在的。细节参见明托的《金字塔原理》。

- **解决**就是明托金字塔的主旨。它是解决困境的回答或行动方略。通过它，你发现的主旨为故事带来了令人满意的结局，吸引受众对接下来的分析结果产生兴趣。

虽然这种故事未必有优秀小说的那种戏剧性，但仍然能够引发受众对最平淡的分析结果的兴趣，如图 6.3 所示。

**情境和困境在主旨中得到了解决**

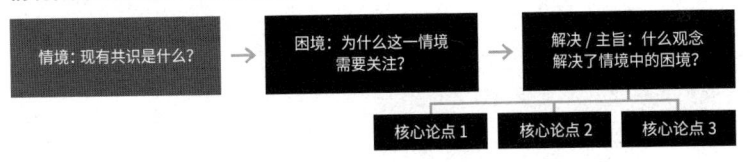

情境：现有共识是什么？ → 困境：为什么这一情境需要关注？ → 解决/主旨：什么观念解决了情境中的困境？
　　　　　　　　　　　　　　　　　　　　　　　　核心论点1　核心论点2　核心论点3

图 6.3　情境、困境和解决

## 情　境

分析过程的起点是理解情境。与任何故事一样，你应该认真思考场景、主人公——主要人物——和最终推动故事发展的问题。就分析结果而言，场景通常是分析探讨的主题。在大部分商务沟通场合，主人公就是受众本身，而故事是由问题推动的：他们需要做出的决定，他们应该了解的机遇，或者有助于他们面对复杂世界的解释。情境中勾勒的事实构成了故事的开端。

在传达分析结果时，介绍情境就是让受众重温他们本来就知道的背景。到了情境环节的末尾，受众都应当处于同一起跑线，这样才能一起经历后面的故事。根据需求的不同，情境可简可繁，但不要引入新信息。情境应当只包含受众已经了解的信息，或者他们很容易认同的信息。这可能是众所周知的事实，也可能是毫无争议的世界观。如果受众对关键事实有异议，那你就要在分析中加以讨论。情境是所有人都应该认可的环节，不是介绍新信息的地方，如表 6.1 所示。

表 6.1 情境示例

| 情境示例 |
| --- |
| 我们上一次厂房大修是在 1998 年 |
| 我们有 46% 的营收来自五大客户 |
| 目前，工程资金来自四个不同的部门 |
| 我们今年预计有 150 名新员工就位 |

## 困 境

用虚构故事的话讲，困境就是激励事件。困境指的不是让情境变得更复杂，也不是两个人发生争执意义上的冲突，而是一个原因，说明为什么需要关注情境，为什么要由你来分析。

困境的动因可以是新信息，或者观念变迁，或者需要做出的决定，如表 6.2 所示。困境引入了张力，张力会由你的主旨和分析来解决。在提出困境时，受众在多大程度上相信困境带来了一个需要解决的问题，就会在多大程度上愿意花心思去理解你的分析。

表 6.2　情境与困境示例

| 情境 | 困境 |
| --- | --- |
| 线上销售额占我司销售总额的30%，均来自零售电商渠道 | 我们不能直接向线上消费者宣传新品 |
| 现在是季末了 | 每逢季末，我们都要回顾销售团队每一名成员的业绩 |
| 我们有三个主要的投资机会，它们都能有力促进业务增长 | 我们的资源只够投资其中的两个 |
| 我们去年实施了导师制度，目的是提高员工满意度，降低离职率 | 导师制让员工满意度提高了20%，但降低离职率的效果不如人意 |

# 解　决

解决要解决的是困境带来的戏剧张力，解决也会成为明托金字塔中的主旨。这个解决未必会终结讨论。受众可能还是要做出艰难的抉择，或者谈论不利的现实经营状况，但解决确实解决了情境与困境之间的冲突。它讲完了为什么要进行分析，为什么你呈现的信息值得受众关注这段故事。当你给出结果时，解决发挥了承上启下的作用，一边是序言，一边是你借助明托金字塔建立的沟通主体内容，[1] 如表 6.3 所示。

---

[1] 明托将解决分成了问答两步。问就是困境中蕴含的问题，而这个问题的回答就是金字塔的主旨。为简洁起见，我跟杜阿尔特一样并合了这两步，但如果你在寻求解决或向他人传达时感到有困难，分成两步也是有益的。

表 6.3 情境、困境与解决示例

| 情境 | 困境 | 解决<br>（金字塔的主旨） |
|---|---|---|
| 市政府将助老配餐业务承包给私营企业 | 过去四年里，所有承包商都在亏损，还有一半濒临破产 | 成本上涨是承包商无法控制的，我们需要对承包合同做相应调整，以便维持项目运行 |
| 我们开发一款新产品的平均时间是 4.5 年 | 过去五年间，我们有 45% 的产品发售是行业首发。而再往前的五年里，我们的首发比例是 85% | 我们应当投资建立一套全局中央数据分享系统和流程，以加快产品开发速度 |
| CEO 制定了今年顾客人数增加 3% 的增长目标，是过去两年增长率的两倍 | 按照目前的用工比率，实现 3% 增长需要新招 10% 员工 | 改进排班制度可以提高生产能力，足以在不增加员工的前提下实现 3% 增长 |
| 审计人员要求亲眼核验我们的库存，以便核实财务报表 | 由于全球疫情，我们对外界人士进入厂区实施了限制 | 一名团队成员佩戴高分辨率头戴式摄像头，让审计人员可以远程实时核查库存 |

意料之外、情理之中的解决是讲好故事的重要标志。在你最喜欢的电影里，主人公做出的选择让你感到惊讶，但又让你觉得好像是唯一合理的选择，那这段情节就是巧妙的。当受众觉得，你的分析主旨是他们面临的情景和困境的必然结果时，那你的故事也就是有力的。

## 用核心论点支持主旨

序言的解决,就是沟通的主旨,也是明托金字塔顶端的组块和沟通中的最重要思想。它解释了沟通中所有其他思想是怎么统合在一起的。有了清晰的主旨,你就可以自上而下地打造明托金字塔。如果主旨不清晰,你可能就要采取自下而上的方式了。

无论你采用哪种路径,你都要预料到一件事,那就是制定大纲的过程中会出现额外的分析任务。创建明托金字塔是一个发现哪些信息对受众用处最大的过程,而不是你已经有了现成的分析。你常常会发现,相比于十几个轻松获取的数据点,一段难度大且费时的分析会更有说服力。

同理,相比于可靠的过往绩效指标,预计销量等依赖不确定假设的分析可能对受众更有用。基于能够获取到的最佳资料,商业领袖必须做出关于未来的决策。用明托金字塔发现对你的受众最有用的分析,让分析做到尽可能扎实。用它来分配最宝贵的资源:你的时间。

### 主旨清晰,则自上而下

你有一个清晰的主旨,就可以自上而下地建构明托金字塔。自上而下路径的出发点是主旨,也就是你希望受众在沟通过后理解了什么,相信了什么,或者会做什么。问一问自己,受众接受这个主旨都需要相信什么,然后将这些想法定为你的核心论点。

每个论点都会产生一些新问题,这些问题由下一层级来回答。最后，明托金字塔的每一个分支都会以证据为终点。用这套框架往下推导，最后是受众接受你的主旨所需的证据。

要尽可能自上而下地构建明托金字塔，虽然你可能会觉得不自在。自上而下要求你按照受众理解的顺序来展开分析，也就是从主旨到细节。你可能会发现，有些地方还没有收集支持一个重要思想所需的证据。采用自上而下的方法，你能够发现论点需要哪些证据支持，这样就可以将时间集中到大事上。在你收集新信息的过程中，这种方法会帮助你认清有哪些证据要求你改变结论，又有哪些只是无关紧要的旁证。

## 起始数据松散，则自下而上

你有大量数据，但没有一个主旨统合数据对受众的意义，这时可能就需要用自下而上法了。首先将有关联的数据组合起来，寻找浮现出来的关系。例如，将顾客人群特征与当前营销思路组合起来，你可能就会发现更好的广告定位。

一个要警惕的误区是，你可能会把这个过程理解为拼拼图，每个数据都必须有自己的位置。其实它更像是沙里淘金。你的职责是筛掉价值不大的信息，直到只留下黄金。

一般来说，自下而上法的难度远远大于自上而下法，因为你必须将看似无关的数据拼合到一起。效率一般也比较低，因为无从下手。效果一般也比较差，因为出发点不是你认为的你的受众关心的某个话题。

面对自下而上的情况时，可以考虑转换为自上而下法。重新审视情境、困境和解决，找到一个受众关心的问题，借此得出一个初步的主旨，然后尝试自上而下构建。

## 征求他人意见，完善思路

对抗知识诅咒的最有力武器就是他人的想法。征求他人反馈能帮助你发现自己思维里的漏洞。下面的例子讲述了两次这样的转变，体现了完善明托金字塔的意义。[1]

### 明晰问题

在图 6.4 所示的例子中，作者就职于一家大型多园区科技企业的 IT 部门的网络支持组。情境是，作者所在的组负责维护公司各处设施的网络连接。困境是，该组遭到连接方面的投诉越来越多。在初始的明托金字塔中，作者主张公司应出资更新网络连接技术。作者的核心论点是现有技术的缺陷和新技术的优点。

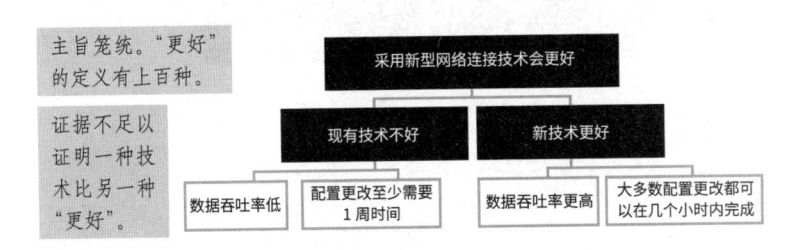

图 6.4 示例 1

---

[1] 本章和后续各章中的例子均取材于作者班上的在职专业人士提供的真实案例。这里讲的"同伴"一般是同学，他们虽然机构不同，岗位不同，但工作经验相当。除了删除能识别出身份的信息，模糊处理机密数据，简化部分技术细节以外，为清晰起见，我还对迭代过程进行了轻微的虚构。

— 169 —

当作者征求意见时，同伴指出了两个影响论证力度的问题。他们觉得：

- 主旨太笼统了。很多种不同的性质都能定义为"更好"。
- 证据不足以支持核心论点。吞吐率和配置更改难易度可能是网络技术的重要特性，但同伴觉得，这两条还不足以向受众表明新技术比现有技术更好。

基于上述反馈，作者围绕吞吐率和配置更改难易度，对明托金字塔进行了调整，如图 6.5 所示。主旨由此变得更加鲜明。

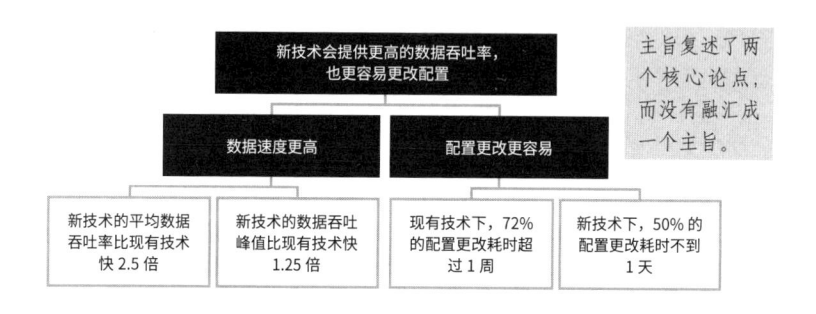

图 6.5　示例 1 修改版 1

同伴说，改后版本的比较指标更鲜明了。假定作者的主张有强证据支持，同伴相信新技术确实速度更快，也更容易更改配置。然而，主旨没有将两个核心论点融会起来。同伴说，他们会想作者为什么只讲这两个特性。他们怀疑作者之所以聚焦于这些特性,是为了掩饰新技术在其他方面的缺陷。

基于这一反馈,作者反思了引发分析的情境与困境:用户抱怨说,他们不能在公司的各处设施获得可靠的高速网络连接。通过追根溯源,作者发现了用户投诉的两大源头。网络吞吐率不足以支持多处设施的一般日常使用。在另一些设施中,虽然吞吐率大多数情况下是足够的,但高需求事件(比如大型会议)就会造成瓶颈,导致网速下降。解决瓶颈需要对高需求位点的配置进行调整,而在现有技术下,调整过程往往要花费 1 周以上。作者意识到,要想解决这种情境下的困境,那就必须聚焦于用户投诉。这显然有助于完善明托金字塔的最终版本,如图 6.6 所示。

虽然这个明托金字塔的证据不足以证明公司应该投资更新网络技术,但确实引导受众聚焦于作者想要讨论的问题。同伴表示了赞同,认为这个主旨既解释了为什么他们应该关心这个话题,也解释了为什么只讨论这两个问题。

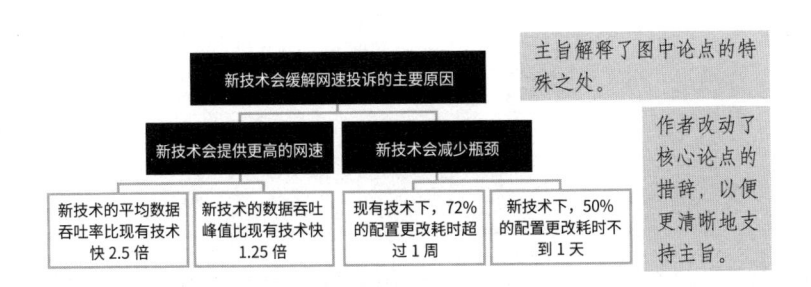

图 6.6 示例 1 修改版 2

通过明确情境和困境,作者得以发现了解决问题的主旨。清晰的主旨有助于建立讨论框架，也解释了为什么应当聚焦于这两个核心论点，而非网络技术的其他特性。

### 明晰解决方案的好处

下面会讲述另一位作者明确主旨的过程。情境是，作者就职于一家帮助慢性病（如糖尿病）患者控制病情的公司。服务费用由保险公司承担，因为病情控制好的患者需要的昂贵医疗干预更少。目前，大部分患者都是在新入职时填写纸质报名表参加的。作者希望公司推动线上报名。图6.7所示的初始的明托金字塔结合了各种论点、证据和背景信息。

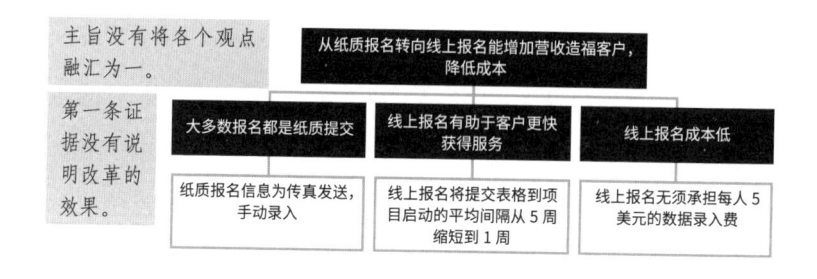

```
主旨没有将各个观点      ┌─────────────────────────────────┐
融汇为一。              │ 从纸质报名转向线上报名能增加营造造福客户, │
                       │           降低成本               │
                       └─────────────────────────────────┘
                              │              │              │
第一条证    ┌──────────────┐ ┌──────────────┐ ┌──────────────┐
据没有说    │大多数报名都是│ │线上报名有助于│ │线上报名成本低│
明改革的    │  纸质提交    │ │客户更快获得服务│ │              │
效果。     └──────────────┘ └──────────────┘ └──────────────┘
           ┌──────────────┐ ┌──────────────┐ ┌──────────────┐
           │纸质报名信息为│ │线上报名将提交│ │线上报名无须承│
           │传真发送,手动 │ │表格到项目启动│ │担每人5美元的 │
           │  录入        │ │的平均间隔从5 │ │  数据录入费  │
           │              │ │周缩短到1周   │ │              │
           └──────────────┘ └──────────────┘ └──────────────┘
```

图 6.7　示例 2

同伴注意到，第一条核心论点感觉跟其他两条不一样。它介绍了背景知识，但没有说明采纳提议方案的效果。作者意识到，这条信息其实是属于引出提议方案的情境。明白了这一点，作者又意识到，这里的困境是线上报名速度快得多。线上报名的患者比纸质报名的患者平均提前4周开始接受服务。因此，线上报名患者的保险公司会多付4周的服务费。基于这一反馈，作者意识到，情境与困境之间的解决——论证的主旨——是推动患者线上报名会增加利润。

另外，通过明确情境与困境，作者找到了一个主旨——主旨聚焦于受众关心的问题——也简化了沟通过程，如图 6.8 所示。

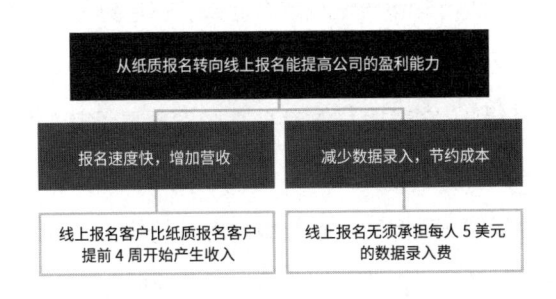

```
┌─────────────────────────────────────────┐
│ 从纸质报名转向线上报名能提高公司的盈利能力 │
└─────────────────────────────────────────┘
         │                    │
┌──────────────────┐  ┌──────────────────────┐
│ 报名速度快，增加营收 │  │ 减少数据录入，节约成本 │
└──────────────────┘  └──────────────────────┘
         │                    │
┌──────────────────┐  ┌──────────────────────┐
│ 线上报名客户比纸质报名客户 │  │ 线上报名无须承担每人 5 美元 │
│ 提前 4 周开始产生收入      │  │ 的数据录入费               │
└──────────────────┘  └──────────────────────┘
```

图 6.8　示例 2 修改版

请注意，在前两个案例中，困惑主要来自作者对主旨认识不清。如果你以得出有说服力、服务于主旨的解决方案为目标，对情境和困境进行了认真构思，那么，这种情况发生的概率就会大大降低。正因如此，你一定要用故事引入。随着分析过程中获得新的信息，再加上与他人交流，你的想法可能会有变化。不过，通常来说，明确自己要问的问题是通往答案的最短路径。

## 替受众思考

高效沟通者会将认知负荷从受众转移到自己身上。他们会解释论点的含义和相互关系。他们不会专挑有利于自身论点的证据，也会讨论看似不利的数据。具体来说，他们会：

- 避免提出缺乏思想的（intellectually blank）论点；
- 直面不利证据。

### 避免提出缺乏思想的想法

闲散论点没有将下级论点统合起来。芭芭拉·明托将这种论点称为"缺乏思想"。例如，"我们的分析得出三个重要发现"就是"缺乏思想"。它表明，作者将某些发现置于其他发现之上，但没有想清楚这些发现有何特点。有效的论点不只是起一个涵盖下级论点的标题，而且要概括分组的意义是什么。闲散主旨对说服力的影响尤其大，因为分析沟通过程中的所有其他想法都来自主旨，如表6.4所示。

表6.4 缺乏思想的主旨与统合关键论点的主旨的对比

| 缺乏思想的主旨 | 统合关键论点的主旨 |
| --- | --- |
| 我们已经实施了生产可靠性测试 | 提议的生产流程完全符合内部可靠性要求 |
| 销售额下滑有几个原因 | 生产问题只能解释销售额下滑的三分之一 |
| 我们应当关注竞争对手的投资动态 | 为了赶上主要竞争对手，我们需要在未来五年里组建一支高级分析团队 |
| 外包方案存在风险 | 如果失误率和周转时间比预期高10%，外包的成本优势就会被抹平 |

**直面不利证据**

不同证据可能会得出相反的结论,同一份证据也常常有多种不同的解读。为了让受众赞同你的想法,你必须解决他们的顾虑。明托金字塔法会将不利证据和反驳论点融入你的论点中,但你必须解释,为什么它们没有削弱你的结论。这项要求会让你的论证更有力,让你的思想更深刻。要围绕"为什么你的结论依然成立"这一点来重新阐述不利的数据,如表 6.5 所示。

表 6.5 直面不利证据的例子

| 对结论的反驳 | 化反驳为支持(每条都需要证据支撑) |
| --- | --- |
| 你的提议太费钱 | 这项提案物有所值 |
| 已经有一家竞争对手做得更好了 | 我们可以在竞争中超过他们 |
| 你的分析没有考虑[某个具体因素] | 所有其他因素合起来,只能解释观察到的变异总量的 2% |
| 你为什么不考虑[我最喜欢的话题]? | [你最喜欢的话题]必须达到现实场景的三倍以上,才能够改变结论 |
| 我们去年试过不是没成功吗? | 这项战略利用了去年以来的一项重大市场变动 |

# 让论点发挥最大的影响力

明托金字塔的布局有助于保持各组块内部各点之间的一致关

系，也能确保各个组块为上级论点提供充分的证据支持。这种一致性提升了沟通的质量与清晰度。明托金字塔框架各组块内部的各点要满足以下条件：

- 在语法和概念两个层面对齐；
- 排序有意义；
- 相互独立，完全穷尽；
- 有必要且充分的证据支持。

## 组块要在语法和概念两个层面对齐

论点对齐的意思是，它们与明托金字塔上一级的论点具有相同的关系。为了做到这一点，它们要回答上级论点提出的同一个问题，用相同的语法形式回答，逻辑类型也要一致。没对齐意味着底层逻辑有漏洞。一个组块内的所有点必须对齐，减少受众理解各点关系所需的认知负荷。下面的例子展示了没对齐的问题，还给出了可能的改正方法，如图6.9—图6.13所示。

### 语法对齐

语法对齐指的是，各点用同样的语法形式回答上级论点提出的问题。经过一定的练习，你会发现，语法没对齐的问题开始呼之欲出了。在下面图6.9—图6.10所示的例子中，左边没有通过语法对齐检验。你可以用自上而下法那一节中讲过的问答法来检验。如果一个组块中的每个点都能补全同一个题干，这些点就是语法对齐的，概念对齐的可能性也比较高。

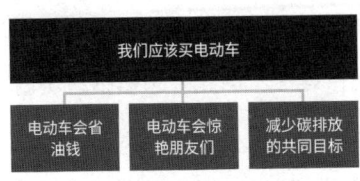

**语法没对齐**

我们应该买电动车
- 电动车会省油钱
- 电动车会惊艳朋友们
- 减少碳排放的共同目标（不成句）

题干是"我们应该买电动车，因为……"，第三点没有将其补全，需要仿照其他两点的格式改写。

**语法对齐**

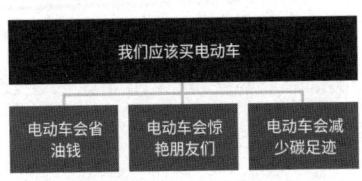

我们应该买电动车
- 电动车会省油钱
- 电动车会惊艳朋友们
- 电动车会减少碳足迹

三点的语法对齐了，开头都是"电动车会"，表达了一项好处，而且都补全了题干"我们应该买电动车，因为……"。

图 6.9　示例 3

**语法没对齐**

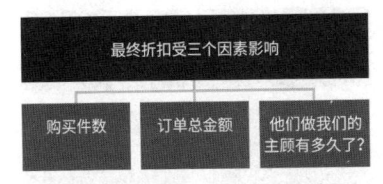

最终折扣受三个因素影响
- 购买件数
- 订单总金额
- 他们做我们的主顾有多久了？

三点没有做到语法对齐。需要重写，使其回答同一个题干。

**语法对齐**

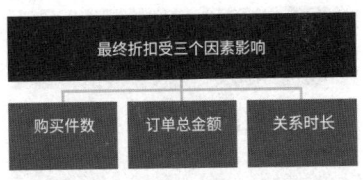

最终折扣受三个因素影响
- 购买件数
- 订单总金额
- 关系时长

三点都补全了题干"折扣率的计算依据是……"。

图 6.10　示例 4

## 概念对齐

概念对齐的意思是，各点与上一级组块有相同的逻辑关系。各点属于相同的逻辑类型。比方说，如果一个组块中的第一点描

– 177 –

述了新工艺的影响，同组块的其他各点也应该描述该工艺的影响。如果在同一个组块里，有的点描述工艺的影响，有的点描述工艺的步骤，那这个组块下的各点就是概念没对齐。

组块包含的想法不限类别，但同一组块内的所有想法必须是同类。芭芭拉·明托提出了一种概念对齐的检验方法，那就是能不能用一个名词（比如**原因**、**发现**、**理由**、**问题**）来概括组块内的所有想法。

概念没对齐比语法没对齐更微妙，所以，语法对齐可以用作概念对齐的第一道检验。然而，就算各点看上去语法对齐了，但依然可能与上级论点没有共同的逻辑关系。下面展示了一些语法看上去对齐了，但概念没对齐的例子，如图 6.11—图 6.13。

**概念没对齐**

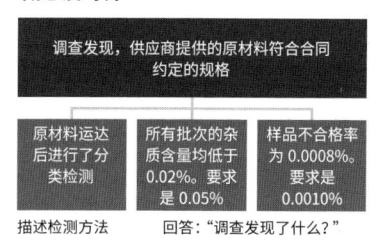

> 调查发现，供应商提供的原材料符合合同约定的规格

> 原材料运达后进行了分类检测

> 所有批次的杂质含量均低于 0.02%。要求是 0.05%

> 样品不合格率为 0.0008%。要求是 0.0010%

描述检测方法　　回答："调查发现了什么？"

**从主旨来看，每个组块都应该说明调查发现。第一个组块讨论的是检测方法，而不是调查发现。聚焦于研究发现，确保明托金字塔满足概念对齐的标准。**

**概念对齐**

> 调查发现，供应商提供的原材料符合合同约定的规格

> 所有批次的杂质含量均低于 0.02%。要求是 0.05%

> 样品不合格率为 0.0008%。要求是 0.0010%

概念是对齐的。两点都是在回答："调查发现了什么？"

**两点都在说明调查发现。要用明托金字塔来梳理逻辑和支持主旨的证据。**

图 6.11　示例 5

第六章　建立数据结构：方便他人理解

**概念没对齐**

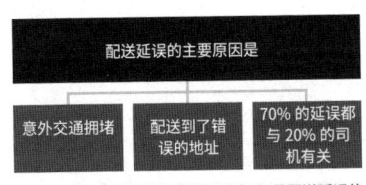

```
配送延误的主要原因是
├── 意外交通拥堵
├── 配送到了错误的地址
└── 70%的延误都与20%的司机有关
```

这两点给出了配送延误的重要原因　　不是配送延误的原因

第三点与话题相关，但并没有回答："配送延误的原因是什么？"探究没有对齐的点，寻找深入思考，发现真实底层原因的机会。

**概念对齐**

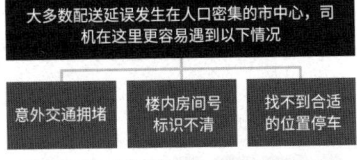

```
大多数配送延误发生在人口密集的市中心，司机在这里更容易遇到以下情况
├── 意外交通拥堵
├── 楼内房间号标识不清
└── 找不到合适的位置停车
```

三点都回答了修改后的主旨，并给出了配送延误的原因

进一步调查延误次数多的司机发现，他们都在市中心工作。寻找概念对齐的结构揭示了一个底层原因，能够更好地解释数据，并指出更有针对性的行动方案。

图 6.12　示例 6

**概念没对齐**

```
我们应当设立基金，为面临暂时财务困境的消费者发放短期贷款
├── 每年有5%的消费者会面临暂时的财务困境
├── 可用银行贷款不足
└── 没有银行贷款外的手段来解决这些问题
```

讲的是问题性质　讲的是缺乏选择

语法没对齐体现了更深层的概念问题：这三点合起来只是说明了问题存在，其实是引出建议方案的情境和困境。

**概念对齐**

```
我们应当设立基金，为面临暂时财务困境的消费者发放短期贷款
├── 由于高价值顾客的暂时困境，我们损失了长期收入
├── 现有借款方没有满足这一需求的意愿
└── 短期贷款基金既能挽回收入，又能产生超额回报
```

解释了为什么这对我们来说是一个问题　解释了为什么借款方不解决这个问题　解释了这对我们来说是一个可行的解决方案

每一点都回答了："为什么我们应该设立这一基金？"如果属实的话，这三点合起来表明了问题确实存在，而且解决问题会为我们带来收益。

图 6.13　示例 7

## 排序要有意义

要为同一组块内的各点选择有意义且直观的顺序，如图 6.14

— 179 —

所示。可以按照事件发生的时间顺序，也可以按照流程步骤。其他情况按照重要程度排序。

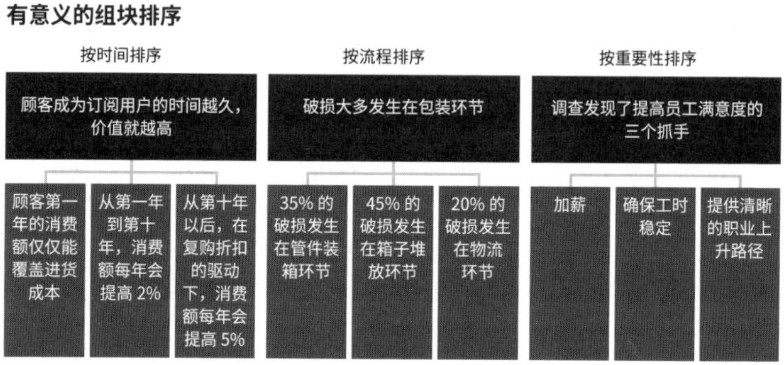

**有意义的组块排序**

| 按时间排序 | 按流程排序 | 按重要性排序 |
|---|---|---|
| 顾客成为订阅用户的时间越久，价值就越高 | 破损大多发生在包装环节 | 调查发现了提高员工满意度的三个抓手 |
| 顾客第一年的消费额仅仅能覆盖进货成本 / 从第一年到第十年，消费额每年会提高2% / 从第十年以后，在复购折扣的驱动下，消费额每年会提高5% | 35%的破损发生在管件装箱环节 / 45%的破损发生在箱子堆放环节 / 20%的破损发生在物流环节 | 加薪 / 确保工时稳定 / 提供清晰的职业上升路径 |

图 6.14　组块排序方式

在按重要性排序时，一般是从最重要的点到最不重要的点。先放最重要的点，让受众在注意力最集中的时候聚焦于最重要的问题。这样的话，你就更容易争取到足够多时间，在会议结束，关键人物离场，或大家开始查看手机短信之前讲清楚最重要的问题。这是尊重受众的时间。

先讲最不重要的点，然后逐渐讲到最重要的点，这种做法虽然可能更有戏剧性，但很少有商界人士会长时间保持专注，等到你的方法奏效。只有在一种情况下，你才可以把最重要的论点留到最后，那就是受众会对其产生强烈反响，以至于没有心情往下听。[1]

---

[1] 本书假定你的受众重视沟通效率——大多数西方商界人士在大部分时间里都是如此。当然，例外情况也很多。有些场合可能会注重维持和谐，（接下页）

## 组块要相互独立，完全穷尽（MECE）

在最优秀的沟通中，每一组论点都满足相互独立，完全穷尽的特征，简称MECE[①]。相互独立的意思是，判断一个论点是否成立，只需要看支持它的证据，而不需要参考明托金字塔中的其他点。受众不需要支持其他点的证据，就能够理解这些点。

完全穷尽的意思是，一个组块内的各点涵盖了与上一级有关的全部选项，没有任何遗漏。要想让明托金字塔没有几百个组块，但依然满足完全穷尽，关键在于主旨完备。有力的主旨要聚焦。它明确了此次沟通的问题边界，描述了下层每一个点的共通之处。

### 相互独立

论点有重叠的沟通不会通过相互独立性检验。在优质分析和优质沟通的设计过程中，最具思维挑战性的环节之一，就是将一个问题拆分成多个相互独立的部分。完成这一步后，再进一步细分成便于理解和解决的独立小点。这样一来，你就为受众卸下了一项重大的认知负荷，背到了自己身上。如图6.15和图6.16所示。

---

（接上页）或者编修已经做出的决定。当受众人数很多时，重点往往会从讨论分析结果转向推动行为改变。在效率不是第一要求，或者先讲最重要的点似乎是无事生非，或者焦点不是数据的场合下，可以考虑采用另外的方法。

① 大多数人都把这个缩写念成两个音节"me-see"（米-希）。芭芭拉·明托说，正确读法应该是一个与 piece 押韵的音节（米斯）。Barbara Minto, "MECE: I Invented It, So I Get to Say How to Pronounce It," *McKinsey Alumni Center*, May 3, 2018.

**论点重叠不利于受众理解**

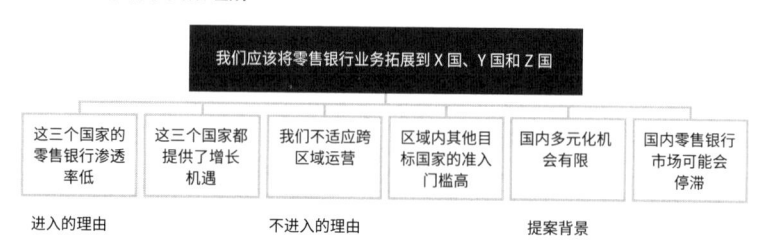

```
                    我们应该将零售银行业务拓展到 X 国、Y 国和 Z 国
    ┌──────────┬──────────┬──────────┬──────────┬──────────┬──────────┐
  这三个国家的  这三个国家都  我们不适应跨  区域内其他目   国内多元化机   国内零售银行
  零售银行渗透  提供了增长    区域运营    标国家的准入    会有限      市场可能会
    率低        机遇                      门槛高                     停滞
    进入的理由              不进入的理由                 提案背景
```

图 6.15　示例 8

上述几点合起来的话，或许足以让受众相信本机构应该向提议的三个国家发展，但各点不满足相互独立性。有多个点谈论相同的话题。有些点是其他点的下级话题，还有些点应该放在序言中。

在这个例子里，讲国内零售银行市场停滞的最后一点是情境。倒数第二点是困境：国内多元化机会有限。

为了实现相互独立，首先要将情境和困境挪到序言中。剩下的几点里，有的是讲我们为什么应该进入这些国家，有的是讲我们为什么不应该进入其他国家。因此，我们可以添加一个层级，既能够实现相互独立，又能提升概念对齐度。

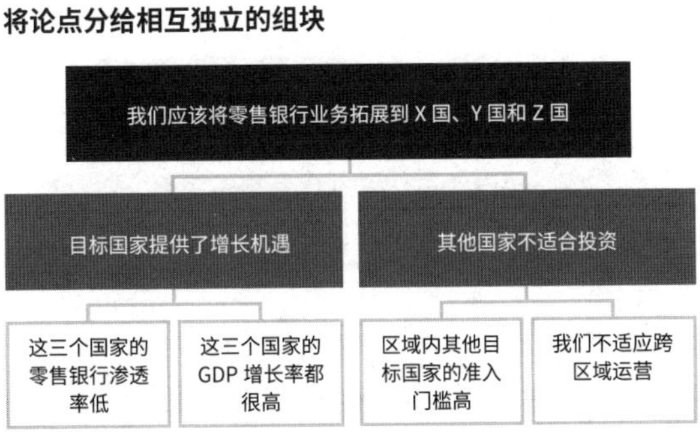

**将论点分给相互独立的组块**

```
                    我们应该将零售银行业务拓展到 X 国、Y 国和 Z 国
                         ┌──────────────┴──────────────┐
                  目标国家提供了增长机遇              其他国家不适合投资
                     ┌─────┴─────┐                  ┌─────┴─────┐
              这三个国家的    这三个国家的      区域内其他目      我们不适应跨
              零售银行渗透    GDP 增长率都      标国家的准入      区域运营
              率低            很高              门槛高
```

图 6.16　示例 8 修改版

受众不再需要记住六个相互关联的点了。他们可以记住两个相互独立的点，然后借助它们来记忆辅助证据。

## 完全穷尽

完全穷尽指的是，一组论点合起来涵盖了上级论点中的所有方面。迈向完全穷尽的第一步就是避免思想空洞的论点。如果论点支持的想法完备的话，那就很容易实现完全穷尽了。这个过程的起点是清晰的情境、困境和解决。

与对齐一样，满足完全穷尽性的结构会明确每个论点与其上级论点的关系。这种关系在讨论总分关系时最显而易见，比如公司组织结构或配方成分。

在图 6.17 所示的明托金字塔中，公司组织结构是完全穷尽的。图中部门涵盖了所有员工，没有遗漏。

**一个实体分成了若干部分**

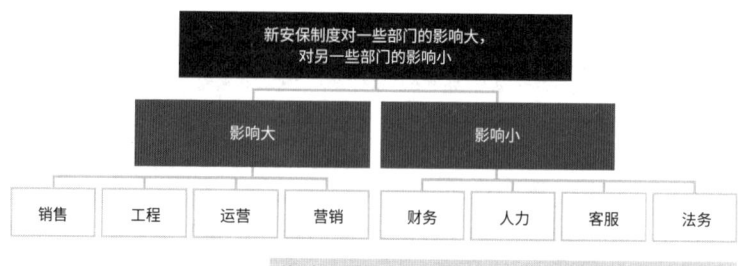

```
                    新安保制度对一些部门的影响大，
                    对另一些部门的影响小
           ┌──────────────────┴──────────────────┐
         影响大                                 影响小
    ┌─────┼─────┬─────┐              ┌─────┬─────┬─────┐
   销售  工程  运营  营销            财务  人力  客服  法务
```

> 每个组块都满足完全穷尽。一个部门不是受影响大，就是受影响小，而且图中列出了每一个部门。

图 6.17　示例 9

指标总是由相互独立、完全穷尽的关系计算出来的，如图 6.18 中的明托金字塔所示。图 6.18 中将关于绩效指标的话题进行了拆分，目的是得出完全穷尽的相关论点。看看你的分析能否用公式表达，这样有助于你在分析和沟通中建立 MECE 的结构。

在实践中，受众常常会忘记沟通结构不完全满足 MECE。不要以为受众大度就表明你逻辑严谨。你可以在影响较小的场合练习如何构建 MECE 的框架，因为当问题重大、风险极高、制定 MECE 论点最具挑战性时，严谨的结构才最为重要。

**一个指标分成了若干因子**

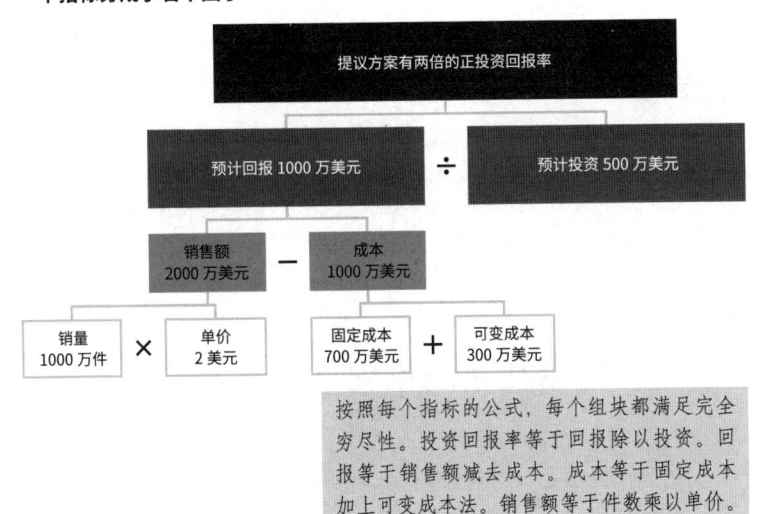

```
                    ┌─────────────────────────────────┐
                    │   提议方案有两倍的正投资回报率   │
                    └─────────────────────────────────┘
                         │                    │
              ┌──────────┴──────┐    ÷    ┌───┴──────────────┐
              │ 预计回报 1000 万美元 │         │ 预计投资 500 万美元 │
              └──────────┬──────┘         └──────────────────┘
                ┌────────┴────────┐
           ┌────┴────┐    －   ┌───┴────┐
           │ 销售额  │         │  成本  │
           │2000万美元│         │1000万美元│
           └────┬────┘         └───┬────┘
         ┌─────┴─────┐      ┌─────┴──────┐
    ┌────┴───┐ × ┌──┴──┐ ┌──┴────┐ + ┌───┴────┐
    │  销量  │   │单价 │ │固定成本│   │可变成本│
    │1000万件│   │2美元│ │700万美元│   │300万美元│
    └────────┘   └─────┘ └───────┘   └────────┘
```

> 按照每个指标的公式,每个组块都满足完全穷尽性。投资回报率等于回报除以投资。回报等于销售额减去成本。成本等于固定成本加上可变成本法。销售额等于件数乘以单价。

图 6.18　示例 10

## 小心：方法不是产出

建立明托金字塔的过程本质上是让你和你的受众聚焦于你的发现,而不是产生发现的方法论。讲述分析必要性的故事会引起受众的兴趣,而方法论讲的是你如何开展分析。只有满足受众需要的方法论才应该加入沟通内容。

先介绍方法,再给出结果,这是学术界的规范。接受过大量学术训练的受众——往往是技术专家——可能会期望并要求你先说明所用方法,再介绍结果。

商界受众——他们受的是另一套教育——往往会更关注结

果,而非过程。他们更喜欢先评估结果的意义,然后再询问方法。对这种受众,要先讲结果,然后等到深入分析细节时再讲解方法。

你要在什么时候讲述方法,讲到什么程度,这要看受众的要求。无论在什么情况下,得出结果的方法都必须严谨,但介绍方法应以取信于受众为限,以便留出讨论结果的时间。

# 用扎实的推理支持论点

在某个层面上,所有数据沟通都是说服性沟通,都是为了让受众相信给出的数据是成立的,分析是严格的,发现是值得信服的。这种沟通的根基是扎实的逻辑推理,有力、必要且充分的证据支持,以及一双能发现自欺欺人危害的慧眼。

## 逻辑推理

所有逻辑推理都可以分成两种形式:归纳推理和演绎推理。两者可以同时出现在一个明托金字塔中,但每组论点内部只能使用一种推理方法。在商业环境中,说服大部分是靠归纳推理。[1]

---

[1] 人类思考逻辑推理问题有几千年了,相关优秀著作汗牛充栋,不可能用三言两语说清。如果有读者想要深入了解的话,可汗学院开设了一门条理清晰的逻辑导论课;芭芭拉·明托的书里给出了针对商业环境的案例;维基百科的相关词条也非常详尽。

## 归纳推理

归纳推理利用具体证据，表明某个宏观结论可能为真。得到强证据支持的归纳推理结论是有力的，这种证据是受众认可结论的充分必要条件。在图 6.19 所示的归纳推理示例中，可观察证据是阿舍尔的应聘表现，预测结论是他能做好这份工作。

先前经验、分析结果、市场调研、公认看法和有力例证都可以充当证据，具体取决于场合和受众。为了用归纳推理说服受众，你必须给出证据，让他们相信这些证据是支持你的所有论点的充分必要条件。证据越强，支持力度就越强。

**归纳推理依赖有力证据**

| 如果我们聘用阿舍尔的话，他会取得好业绩 |
| --- |

| 他在我们的编程测试中得分排在前 10% | 他得到了杰出人士的推荐 | 每名面试官都对他评价很高 |
| --- | --- | --- |

图 6.19　示例 11

## 演绎推理

演绎推理的出发点不是可观察证据，而是关于真假的宏观命题——叫作前提——然后用逻辑证明某个结论必然为真。在图 6.20 所示演绎推理的明托金字塔中，主张阿舍尔会取得好业绩的论点基于一个前提，即面试反响好且编程分数高的候选人会胜任这个岗位，而阿舍尔正是这种候选人。如果受众认同这两个命题，那就应该认同结论，即阿舍尔会胜任岗位。这个明托金字塔可以扩充，分别给出两个前提的证据，用归纳推理来提供支持。

完备的演绎推理依赖普遍成立的真命题，而现实世界体系中不会产生这种命题。因此，商界主要运用归纳推理——基于证据。要想让证据有说服力，就必须让受众相信证据是结论的充分必要条件，而且经得起他们的推敲。

**演绎推理依赖真前提**

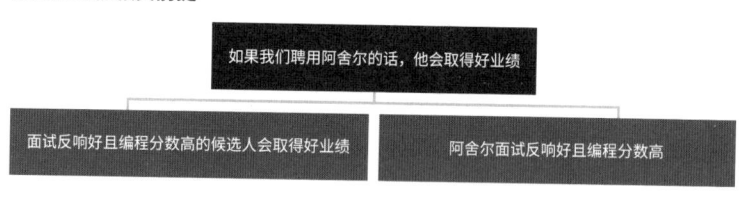

图 6.20　示例 12

## 充分必要证据

归根到底，充分必要证据的标准是由受众来定。因此，为了得出有效的论证，你必须明白受众期望的证据标准。

这个标准会随着论证范围和受众成员而变。一边是让工厂领导相信必须修改全厂的安全规章，一边是小范围试行一个月的规章调整，前者对证据的要求就比后者更高。类似地，不同受众的证据标准要求也不一样。要进行一项产品设计的调整，工程部和营销部要求的充分必要证据可能就不一样。

要找到对你的受众最有力的证据。要做好向所有受众完整说明论证大纲的计划,但在哪个部分讲多深,那要取决于具体受众。[①] 图 6.21 所示的明托金字塔是一款新包装设计的论证大纲。虽然你可能必须让所有受众都相信核心论点,即推出新设计的成本低,销量带动作用大,但每个受众需要的信息详细程度是不同的。营销部可能会专注于销量带动作用,因为这方面的结果由他们负责,而工程部可能会追问成本,那是他们负责达到的目标。

**不同受众对充分必要证据有不同标准**

```
                    我们应该推出新包装设计
                    ┌──────────┴──────────┐
                  成本低                销量带动大
        ┌──────────┼──────────┐    ┌──────────┼──────────┐
    持续性成本不  一次性成本不  推出新设计不  门店试售表  新设计统一了  市场调研表
    会增加       超过10万美元  会打乱供应链  明销量提高   全线产品的视  明,消费者对
                                          了4%        觉语言,会增   新设计的喜爱
                                                      加交叉销售    度高了30%
      证据1       证据1       证据1       证据1       证据1       证据1
      证据2       证据2       证据2       证据2       证据2       证据2
      证据3       证据3       证据3       证据3       证据3       证据3
```

为了达到工程部的充分必要标准,你可能需要给出更多成本方面的证据。　　为了达到营销部的充分必要标准,你可能需要给出更多销量带动方面的证据。

图 6.21　示例 13

既然充分必要的标准由受众制定,那你也会遇到拿出再多证

---

[①] 在理想情况下,你可以制作不同的沟通文稿,以便服务于每个受众的不同需要。

据也不足以说服的受众。一名经理对一个软件平台有过多次糟糕体验，如果你想向他证明部门需要用这个平台，他可能会提出不合理或不现实的要求。在这种情况下，你可以考虑缩小目标的范围。虽然再多证据也不足以说服经理，使其相信应该立即在整个部门采用这个软件平台，但你的证据或许足以说服经理开展六个月的小范围试行。

## 有力证据

证据越有力，结论就越有力。你抓到室友偷拿你的冰激凌、曲奇饼干和薯片的次数越多，表明室友偷拿你的糖果棒的证据也就越强。然而，过往证据永远不能证明未来。只要一条否定证据就能推翻你的论证。只要找到一个用你的糖果棒包装纸堆起来的老鼠窝，你就应该向室友道歉了。[1]

无论证据多么有力，你都不能逼迫受众接受一个结论，哪怕他们相信你给出的全部证据。应当记住的一点是，只有时间才能证明任何关于未来事件的结论是对是错。对于没有人能说得准的话题，不要把话说死；如果有人这样做，那你应该警惕。

---

[1] 逻辑意识强的读者会注意到，有可能老鼠和室友都偷了你的糖果棒。老鼠窝有力地证明老鼠偷了你的一些糖果棒，但室友也拿了的可能性依然存在。另外，老鼠可能不是从你的橱柜里，而是从别处拿到的包装纸。话说回来，你似乎还是应该向室友道歉。

## 不要自欺欺人

辨别有力的充分必要证据，就是一个选择重视哪些数据，抛弃哪些数据的过程。从概念角度看，沟通框架就是一个模型。就像分析数据可能要搭建的模型一样，沟通框架可以将复杂绝伦的外部世界简化为有限数量的因素。如果你的分析和沟通帮助受众理解了他们面临的挑战的真实本质，那么，这种简化就有可能帮助他人更好地做出复杂的选择。

迈阿密大学奈特视觉新闻学讲席教授阿尔贝托·卡伊罗（Alberto Cairo）在《求真之美》（*The Truthful Art*）中提出了两条真实数据可视化的两条重要设计策略：

1. 不要自欺欺人；
2. 对受众以诚相待。

假设你有意对受众以诚相待，那么，能威胁到数据的就只有你自己了，或者说我们所有人，因为当我们将数据整理成任何连贯的结构时，这个过程本身就充斥着自欺欺人的机会。有两条危害尤其大：故事的诱惑，证真偏误的陷阱。[1] 用明托金字塔建立直观的思维大纲，这有助于减轻故事的诱惑，但任何外化思维的

---

[1] 卡伊罗说，这些就是人类大脑的软件故障。他还加入了第三条故障：模式性（patternicity）。它指的是我们到处都能看见模式的倾向，哪怕模式并不存在。第三章讨论了这个现象。

过程都会将新手诱入证真偏误的陷阱。

## 故事的诱惑

对沟通数据的人来说,讲故事是一个复杂的话题。虽然"故事"没有放之四海而皆准的定义,但人们普遍认为故事有巨大的威力。[①] 故事能够深深地打动人,但也能够破坏分析过程和分析得出的洞见。

讲一个有情境、有困境、有解决的故事,是将分析聚焦于主旨的一种有力手段。在分析过程的这个环节,讲故事既是强大的,也是有效的。但到了开展分析的时候,优秀分析师会有警惕意识,知道在分析完成之前要慎用故事来解释分析结果。因为故事将想法组织成了因果链条,所以,不成熟的数据叙事会轻易将相关关系变成因果关系。

纵观人类历史的大部分时代,我们都是主要通过故事来解释世界。想象你身处史前社会,度过了先有日食后有洪灾的可怕一周。如果你相信下午阳光消失是不悦神灵降下的灾祸预兆,那说明你是有理性的人。我们总是喜欢用故事给出的清晰因果关系来解释相关事件。要是在故事中加入情感要素,那这些解释就更加坚固了。

通过克制地运用明托金字塔结构,你能够抵御不成熟叙事的

---

① 几乎所有故事的定义中都会出现因果链条,还有对情感的讨论——有时会描述为戏剧性或张力。人类社会的一大特征就是会用故事来解释世界,并组织团体朝着共同的目标前进。

诱惑。用明托金字塔作为整理思维的框架，你和同事就必须有条理地拆解结论，检验结论的每个部分，然后根据发现来修正结论。它能帮助你聚焦于高水准的科学研究——如果你能躲过证真偏误的陷阱的话。

## 证真偏误的陷阱

证真偏误指的是，我们倾向于轻视那些挑战既有信念的证据，偏爱支持既有信念的证据。不幸的是，整理思维的过程恰恰足以触发证真偏误的微妙作用。你渴望正视自己的结论，这会有意无意地改变你对数据的分析和呈现。

组织架构常常会放大这种影响。如果你要检验的想法来自一名市场行业经验丰富的高管，你就会感到一股强大的力量，拉着你支持高管的世界观。而如果你就是那名高管，你根据多年经验对所在市场形成了清晰的认识，那就很容易轻视反面证据——尤其是这些证据分散于不同的来源和时间点的情况下。

凡是要求你在分析完成前就表述结论的分析方法，都会放大证真偏误的危害。但是，你不应该屈服于抛弃框架的诱惑。那就好比告诉科学家放弃假设实验法，改做零散随意的实验。

相反，你应该考虑科学家用来对抗证真偏误的工具。第一种是对你的所有发现做统计显著性检验，哪怕你不向受众展示检验结果。另一种是预注册。在开展分析之前，你就把要检验的假设和分析方法分享出去。这样的话，你就不太容易在分析完成后再转换视角了。虽然意识到证真偏误有助于识别，但建立一套限制其影响的流程要可靠有效得多。

## 将明托金字塔转化为完整沟通文稿

明托金字塔的长处之一是适用于各种沟通渠道。本节将展示如何用明托金字塔来指导幻灯片演示之外的多种沟通场景，比如书面总结或口头报告。

在图 6.22 所示的案例中，一个大型发展中国家有一家摩托车配件厂，厂领导要求你调查一个新市场的机遇。目前，该厂向摩托车原始设备制造商（OEM，以下简称代工厂）出售零配件。情境是，该国经济发展迅猛，新摩托车需求量在过去十年间经历了快速增长。困境是，该国的新车市场趋于饱和，但公司需要为投资人交出持续增长的答卷。管理层想要了解代工市场的前景，以及进军售后市场——摩托车经销商和购买零件的修车厂——能否促进长期增长。

在下面的例子中，你已经将研究分析成果整理成了明托金字塔。厂领导会利用你的分析成果，决定是否值得制定一套完整的进军新市场方案。观察如何将明托金字塔轻松转变为幻灯片演示、口头报告或书面总结。

**支持多种沟通渠道的金字塔**

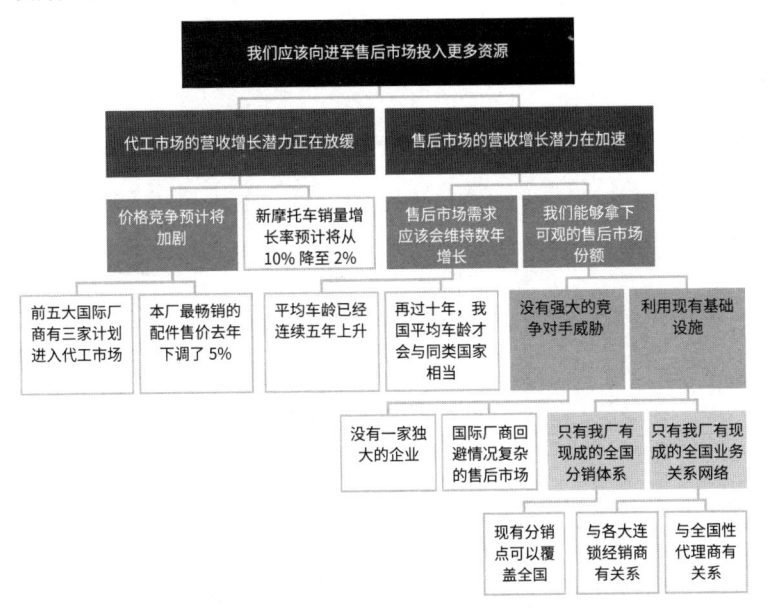

```
                    我们应该向进军售后市场投入更多资源
                              │
            ┌─────────────────┴─────────────────┐
    代工市场的营收增长潜力正在放缓          售后市场的营收增长潜力在加速
            │                                   │
      ┌─────┴─────┐              ┌──────────────┼──────────────┐
   价格竞争     新摩托车销量增    售后市场需求    我们能够拿下
   预计将       长率预计将从      应该会维持数年  可观的售后市场
   加剧         10%降至2%         增长           份额
      │             │                │          ┌──┴──┐
   ┌──┴──┐          │            ┌───┼───┐   没有强大的  利用现有基础
 前五大国际厂  本厂最畅销的    平均车龄已经  再过十年，我  竞争对手威胁  设施
 商有三家计划  配件售价去年    连续五年上升  国平均车龄才                │
 进入代工市场  下调了5%                      会与同类国家            ┌───┴───┐
                                            相当              只有我厂有  只有我厂有
                                                              现成的全国  现成的全国业务
                                              ┌─────┬─────┐   分销体系    关系网络
                                           没有一家独  国际厂商回          │
                                           大的企业    避情况复杂       ┌──┼──┐
                                                       的售后市场    现有分销 与各大连 与全国性
                                                                    点可以覆 锁经销商 代理商有
                                                                    盖全国   有关系   关系
```

图 6.22 示例 14（1）

# 幻灯片演示：每个证据组块转换为一张幻灯片

如图 6.23 所示，明托金字塔可以迅速转换为幻灯片演示。主旨与核心论点就是目录页。每个核心论点就是一节。每个证据组块转换为一张幻灯片，金字塔证据组块里的内容拿来做提要。每张幻灯片的主体内容就是支持提要的数据。用了这种方法，你就不用制作多余的幻灯片，省下来的时间可以用来做别的事，专注于制作既能通过眨眼测验，又能支持提要的有力解释性数据图。

## 金字塔结构轻松转换为幻灯片

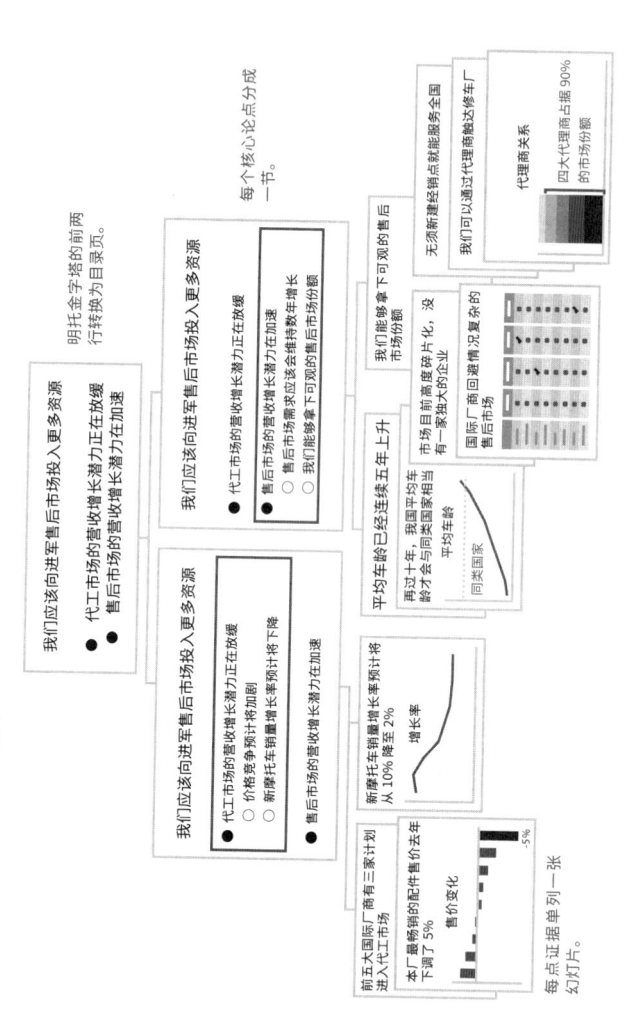

图 6.23 示例 14（2）

## 口头报告：先讲主旨，依次展开

有人在会议或邮件中询问你的研究发现，表6.6是一份回复样例。为了减轻受众的认知负荷，一定要从明托金字塔顶端开始讲，然后深入细节。这种思路避免了令人困惑的逻辑漏洞，给出了说明研究意义的背景信息，也让你能够根据受众的需求，实时调整沟通的详尽程度。

表6.6　回复样例

| 基于明托金字塔的口头报告样例 | |
| --- | --- |
| 说明情境和困境 | 基于设法保持公司增长率的要求，我们对售后市场进行了考察 |
| 申明主旨 | 我们的研究支持向进军售后市场投入更多资源，因为…… |
| 分享关键论点 | 发现如下：<br>1. 代工市场的营收增长潜力正在放缓；<br>2. 售后市场的营收增长潜力在加速 |
| 支持第一个关键论点 | 我们相信代工市场的营收增长将在未来几年放缓，因为：<br>● 新摩托车销量增长率在减慢；<br>● 价格竞争在加剧，拉低了价格 |
| 支持第二个关键论点 | 我们相信售后市场的增长潜力在加速，因为：<br>● 该市场在未来十年间将持续增长；<br>● 我们有拿下可观市场份额的潜力 |

续 表

| 基于明托金字塔的口头报告样例 | |
|---|---|
| 回顾关键论点 | 因此，基于以下两点：<br>1. 代工市场的营收增长潜力正在放缓；<br>2. 售后市场的营收增长潜力在加速…… |
| 回顾主旨 | 我们应该向进军售后市场投入更多资源 |

如果是面向高管，这样的报告应该足够了。如果你已经整理好了思路，那无论对方有什么问题，你都可以从容深入。你可以采用同样的方法，选择最适合回应该问题的出发点，然后顺着金字塔的脉络往下讲。先回顾上一级的论点，接着依次讲述论据，最后回顾讲过的所有论点。

具备专业知识的受众可能会想跳到更大的明托金字塔的更深处。如果有人想直接跳到更深的点，那一定要顺着你的明托金字塔，一路跟他讲下来，不要跳过任何逻辑环节，这样大家才能明白这一点与主旨有何逻辑关联。[1]

# 书面总结：每个组块为一节

明托金字塔可以得出清晰的书面报告。就像谈话或幻灯片演

---

[1] 这条一般性建议有很多例外情况。利用你对受众的了解来指引行动。有明确答案的技术细节问题可以快速直接给出回答，如果你确信回答能够满足提问者的话；不要引入其他人提出的额外问题。你的目标是平衡个别受众的需求与受众整体的需求，焦点要坚持放在关键决策者的需求上。

## 第六章 建立数据结构：方便他人理解

示一样，书面文档也可以遵循明托金字塔结构。前言概述主旨和核心观点。每个核心观点分为一节，依次展开论述。每个观点都要有证据支持。如表 6.7 所示。

表 6.7　书面总结示例

| | 书面总结 |
|---|---|
| 主旨 | 题目：售后市场正在增长，值得进一步探究 |
| 前言概述主旨和核心观点 | 为了保持公司的增长势头，我们建议更深入地探究进军售后市场的成本与回报，原因如下：<br>● 代工市场的营收增长潜力正在放缓<br>● 售后市场的营收增长潜力在加速 |
| 每个核心观点为一节 | 代工市场的营收增长潜力正在放缓<br>我们相信，向摩托车原始设备制造商出售零部件这一市场的吸引力会下降。在公司的发展历程中，这一市场表现出持续高增长并支撑了溢价。**我们的预测表明，虽然该市场还会继续增长，但增长率会大大下降，而竞争加剧也会拉低公司产品的售价** |
| 明托金字塔中最底层的证据为辅助论据 | **市场增长率将从过去十年间的 10% 以上，放缓至未来五年的 2%**。历史增长的驱动力是购买摩托车的人口比例上升。随着市场趋于饱和，摩托车市场增长会放缓。未来五年内，人口增长将成为摩托车新车销售的首要驱动力<br>随着市场增长的放缓，**我们预计价格竞争会加剧**。由于竞争激烈，我厂最畅销的零配件售价去年已经降价 5%。前五大国际厂商有三家宣布计划进入我国市场。这些厂商有巨大的规模经济优势，可以靠低价抢占市场。在这些厂商进入的其他市场，产品售价降低了 10%—20%。我厂业务预计也会受到类似的冲击 |

— 199 —

续 表

| | 书面总结 |
|---|---|
| 每个分论点为一个自然段 | **售后市场的营收增长潜力在加速**<br>我们的研究表明,随着养护需求增多,售后市场在未来会成为更有吸引力的市场。我们认为,我厂具备抢占售后市场份额的独特优势,因为国内售后市场目前没有一家独大的龙头,而我们现有的经销网络正提供了独特的竞争优势。<br>随着平均上路车龄的上升,配件更换需求将迎来增长。过去五年间,平均上路车龄已经翻了一番,从1.5年上升至3年。十年后,平均车龄将达到5年。这项变化将导致配件更换需求显著增加,因为摩托车平均从第四年开始就需要更换核心配件了。<br>售后市场目前处于碎片化格局,大厂有抢占大量市场份额的空间。目前,售后市场没有一家企业的占有率超过5%,为大厂留出了占领大片市场的空间。国际厂商不太可能参与竞争。它们在进入的其他国家都回避情况复杂的售后市场。<br>我厂现有的全国经销系统带来了这一领域的独特优势。我们不需要新建经销中心,就能够在一天之内将产品配送至全国83%的经销商和购买售后配件的修车厂。从销售角度看,我们已经通过代工厂的关系建立了经销商关系(经销商常常要提供车辆服务),而且只借助四家代理商,即可触达剩余市场的90% |
| 结论部分强化核心观点,复述主旨 | **售后市场值得进一步探究**<br>随着代工市场步入低增长与低价时代,售后市场的发展为我们提供了一个机会,发挥我们独有的全国经销网络优势。基于上述初步探究,我们建议投入更多资源,制定详尽的售后市场进入方案 |

# 本章关键概念

完备结构是高效沟通的基础。明托金字塔速查表见表 6.8。

表 6.8　明托金字塔速查表

| 检验标准 | 检验方法 |
| --- | --- |
| 结构清晰吗？ | ● 组块内的每个论点是否都在回答上级组块中蕴含的同一个问题？<br>● 每个论点是否完整概括了下级组块的内容？<br>● 树形结构的每个分支末端都是证据吗？ |
| 有没有用故事确定主旨？ | ● 你是否了解受众已经认同的想法，也就是情境？<br>● 你是否说明了困境，也就是受众相信需要解决的问题？<br>● 主旨是否解决了情境与困境之间的张力？ |
| 主旨有适当的关键论点支撑吗？ | ● 你是否尝试过自上而下地建构明托金字塔？<br>● 你是否征求过他人的反馈？<br>● 你是否避免了缺乏思想的想法？<br>● 你是否直面了负面证据？ |
| 论点的组织形式是否减轻了认知负荷？ | ● 每个组块都满足语法对齐和概念对齐吗？<br>● 每个组块的排序都有意义吗？<br>● 每个组块都满足相互独立，完全穷尽（MECE）吗？ |
| 是否有坚强的逻辑推理基石？ | ● 你是否给出了让受众同意结论的充分必要证据？<br>● 你是否给出了经得起受众推敲的有力证据？<br>● 你有没有设法限制自欺欺人的倾向？ |

## 就算别的都记不住……

讲故事，说明你为什么要展开分析，怎么得出正确的主旨。

尽可能采用自上而下法，从主旨开始建构大纲。

受众需求决定了说服他们的充分必要证据。

聚焦于说服受众的分析，而非最容易收集的数据。

在分析完成之前，慎用故事解释得出的结论。

### 📖 习题：克雷格斯通的选择（上）

利用下面给出的案例信息，选择一家旅游供应商。明确情境、困境和解决。然后画出明托金字塔，概述选择这家旅游供应商的理由。

## 案例背景

克雷格斯通是一家高速增长的管理咨询公司，员工约 250 人，在北美、欧洲和拉丁美洲设有办事处。公司总部位于马萨诸塞州波士顿。公司创办三十年以来业务连年增长。十多年来，公司营收第一次下降是在 2020 年，原因是新冠疫情对经济的冲击。疫情过后，克雷格斯通的核心业务完好，但目前比以往任何时候都更注重成本控制。

尽管克雷格斯通的人均差旅费已经比疫情前下降了 60%，但客户还是抱怨差旅成本翻了一番。除了服务费以外，克雷格斯通员工的差旅费也由客户承担。克雷格斯通先前的政策是，员工可以用个人信用卡订机票酒店和租车，可以任选网站和旅行社。公司最大的客户，也是唯一一家登上财富世界100强的客户，威胁要终止发展中的业务关系，因为差旅费已经超过了咨询费的15%。为了实现增长计划，克雷格斯通还需要招揽好几家新的大客户。虽然差旅费转嫁给客户是传统做法，但越来越多的竞争对手将差旅费纳入服务费中，试图在不降价的前提下减少客户负担的成本。

为了解决差旅成本问题，克雷格斯通成立了由五位合伙人和一位分析师组成的委员会，共同分析公司的差旅政策。目标是提出降本方案，修改以往的事后报销政策。具体数据如表6.9所示。

表6.9 克雷格斯通概况

|  | 2017 | 2018 | 2019 | 2020 | 2021 |
| --- | --- | --- | --- | --- | --- |
| 营业收入（美元） | 8170万 | 1.05亿 | 1.21亿 | 9080万 | 9950万 |
| 差旅成本（美元） | 870万 | 1150万 | 1380万 | 250万 | 600万 |
| 员工人数（人） | 212 | 262 | 290 | 259 | 250 |
| 办事处数目（个） | 7 | 9 | 9 | 8 | 8 |

## 委员会的发现

经过与委员会内部成员和公司其他员工的初步讨论,分析师整理了数据,呈交给参与委员会的合伙人。数据显示,如果选定一家旅行社统一负责差旅开支,克雷格斯通能够省下大量成本。与几家大型旅游供应商洽谈后,委员会一致认为竞争者主要有两家:拉娜旅行(Lana Travel)和加拿大快运(Canadian Express)。两家都对订单金额超过 500 万美元的客户提供优惠价。咨询人员依然可以自定行程,任选各大航空公司、酒店和交通服务。

**分析师比较了两家旅行社,整理出以下事实:**

1. **拉娜旅行**:简称"拉娜",是一家四年前成立的高增长初创企业,旗下有两款设计精良的应用,订票应用面向用户,报销应用可对接克雷格斯通的财务团队。虽然公司目前不盈利,但有一线风投注资。[①] 克雷格斯通的年轻员工对拉娜应用的易用性表现出强烈热情,因为他们更喜欢通过手机应用来订票和管理行程。还有很多人喜欢的一点是,他们可以在一个应用上管理所有出行优惠。拉娜在东海岸工作时间内提供实时电话客服,但只保证应用内对话框的全天候客服。咨询人员经常要更改出行计划,而且行程复杂。年纪偏大的员工表示,他们需要在任何时间都能接通人工客服,无论是白天还是晚上。这是他们的一大顾

---

① 风险投资是一个投资门类,以高风险的创业初期企业为标的。虽然风险投资的大部分企业都失败了,但很多人用风投的地位来预测创业成功的概率。

虑。拉娜与航空公司、酒店和其他大型旅游供应商有协议折扣价，表示平均能够为客户节约 6% 的差旅成本，保证至少节省 4%。从用户评价来看，该应用在中国速度慢，故障多。中国是拉娜业务的主要增长区域之一。不过，很多规模与克雷格斯通类似的公司采用了拉娜应用并表示满意。克雷格斯通的部分合伙人表示，他们担心拉娜可能活不长久。他们不想再走一遍这个流程了。

2. **加拿大快运**：通称"加快"（CanEx），是一家大型金融服务公司，除了旅游业务外，还有全球信用卡业务。这是一家稳固的大公司，开业已有一百七十余年。加快是全球顶尖咨询公司的行业标杆。网站功能齐全，支持订票和改签（虽然可靠性和易用性不如拉娜），实时客服水准高。用户可以随时随地与旅行社联系。加快承诺订票价格打 95 折，此外还有一项相关优惠。凡是用加快信用卡支付的差旅费用，克雷格斯通均可享受额外的 1% 优惠。财务表示，如果克雷格斯通改用加快信用卡，差旅费可以自动报销。目前报销流程耗时一个月以上，对许多员工造成了沉重负担。加快表示，信用卡折扣不亚于市面上条件最好的优惠卡，但相当多员工的一项爱好就是换卡支付，享受不同公司的优惠。他们认为这是上班的一大服务。

以上改编自乔安妮·耶茨（JoAnne Yates）和麻省理工学院斯隆管理学院管理沟通团队开发的案例。

第七章

# 有说服力的数据框架

促使受众行动

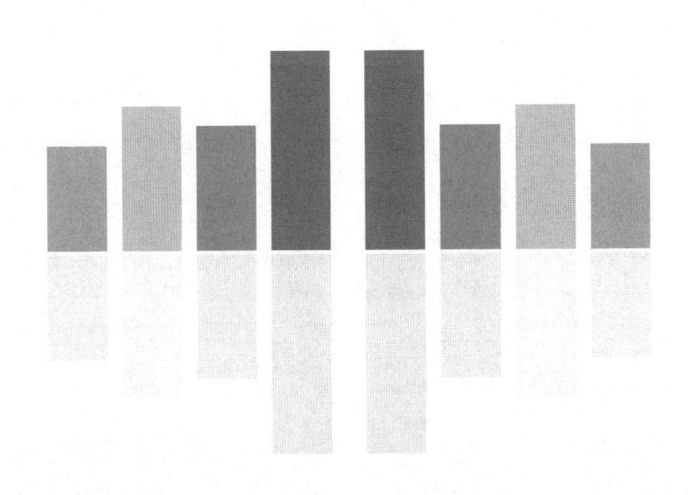

本章介绍除分析品质度和结构清晰度之外的对受众产生影响的因素，还讨论受众知识基础和固有偏见对论证方法的影响。通过"详尽可能性模型"这一框架，我们能够理解非数据因素对受众决策过程的影响。本章其余部分介绍 WIIFT 模型——What's In It For Them（他们从中能获得什么）——围绕双方共有的思维模式来打造沟通重点，从而最大化沟通效力。习题要求你制作针对具体受众的明托金字塔。

## 受众评判的不只是数据

有力证据和清晰结构是高效数据沟通的基础。但有的时候,哪怕分析坚如磐石,推理严丝合缝,你还是无法说服对方。更糟糕的是,薄弱证据和迷糊逻辑往往也能促使他人行动。令人沮丧的现实是,受众是人,而人是复杂的。

解释人们如何评判信息的科学原理同样复杂。研究表明,我们有通过故事解释世界的强烈欲望,而在解读定量信息的意义时,我们的直觉常常失效。数据评判不准确有很多都是由认知偏误造成的,也就是屡错屡犯的系统性思维误区。[1] 幸运的是,这些偏误具有一致性,让我们能够设法缓解。

本章介绍详尽可能性模型(Elaboration Likelihood Model),它有助于解释分析内容或其呈现形式会不会对受众产生强烈影响。基于这种认识,你可以更清晰地阐述 WIIFT——尽可能吸

---

[1] 凡是要决策的人,都应该深入研究认知偏误。优秀入门读物包括:丹尼尔·卡尼曼的《思考,快与慢》、理查德·塞勒(Richard Thaler)和卡斯·桑斯坦(Cass Sunstein)的《助推》(*Nudge*)、丹尼尔·艾瑞里(Daniel Ariely)的《怪诞行为学》(*Predictably Irrational*)。

引受众关注你的内容，树立你的可信度，重述观点以强化其影响力。

# 理解受众的评判方式

后果与自身关联越密切，受众就越会深入关注你讲的内容和证据支持。话题的关联越不清晰，受众就越会关注自身与沟通者的关系，以及信息的传递形式。你可以将这两种不同的反应想象成一根数轴的两个端点。

一端是说服理论里讲的中枢处理（central processing）。当受众运用中枢处理时，他们会更关注信息本身、论证质量和数据支持，在决策中也更容易容忍高认知负荷。因此，他们在决策中可能会更注重信息的内容。

另一端是周围处理（peripheral processing）。当人们运用周围处理时，他们会更依赖这些因素：消息是如何传递的，沟通者是谁，信息是否符合人类用于快捷决策的各种心理捷径。

同一个人会用不同路径来处理不同的决策，乃至不同时间的同一决策。影响路径的因素有很多，但牵涉干系越大，后果越切身相关，人就越可能采取中枢处理路径，如表 7.1 所示。

表 7.1 受众处理路径的详尽可能性模型

| 中枢处理 | 周围处理 |
| --- | --- |
| 受众花费更多认知能量<br>"高详尽度路径" | 受众花费更少认知能量<br>"低详尽度路径" |
| 常用场景<br>受众相信话题切身相关,而且能够集中注意力 | 常用场景<br>受众认为话题不切身相关,且(或)不能集中注意力 |
| 受众关注点<br>信息的内容和证据 | 受众关注点<br>信息的表述和传达方式,自己与沟通者的关系 |

一个隐晦但重要的区分是,定义处理路径的不是一个人用于评判论点的外部因素,而是这个人的内在思维过程。中枢处理需要努力地、有意识地思考。周围处理则更多依赖自发反应。有些因素传统上认为与周围处理相关,但如果明确拿出来考虑的话,这些因素也可以用于中枢处理。比方说,受众知道一个位高权重的领袖认同某个分析结果,这可能会不经意间影响受众的决策。这是周围处理。另外有一批知道同一件事,但采用中枢处理路径的受众,他们可能会将其作为决策的一个因素,不过是明确拿出来考虑的。他们可能会仔细考虑与这位领袖站在同一阵营或对立阵营的战略影响。因素是一样,但看法不一样。

这个思维模型叫作"详尽可能性模型"。[1] 它的得名来源是,

---

[1] 有各种各样的模型用于描述一般意义上的决策和具体的说服场景。与任何有四十年历史的模型一样,详尽可能性模型遭到了多种合理的反驳。与任何模型一样,它是对现实世界的简化,目的是更清晰地认识世界。

采取中枢处理路径的人更愿意详尽考虑一段论证的内容。详尽可能性模型有益于数据沟通者，因为它在提醒你，受众评判你的结论时会动用数据本身之外的因素。

## 沟通者想调动中枢处理

当受众相信一个话题牵涉重大且切身相关时，他们最有可能采取中枢处理路径。详尽可能性模型中称之为"高详尽度路径"。选择这条路径的人会为话题投入大量认知能量，而且在决定是否同意你的结论时，更可能会考虑你的证据质量和思考深度。虽然沟通者一般会偏爱中枢处理带来的深度思考，但调动中枢处理不会增强你的说服力，而会让受众更容易根据你的内容来做出反应，更固执于他们自己得出的结论，哪怕日后遭到反驳。[1]

既然最能够预测受众选择哪种路径的因素是切身相关与否，

---

[1] 本书聚焦于日常商务决策，假定有力证据能够让人改变观点。研究者发现，在触及根本世界观的话题上，人们的决策行为并非如此，比如很多政治议题就是这样。人们对销售佣金方案可能会有坚定的意见，但一般不会用它来构建世界观。当有力证据表明另一种佣金方案效果更好时，人们一般会改变看法，哪怕改变速度没有说服者希望的那么快。而到了什么是公平的刑事司法体系上，人们的观点会与自己的群体认同紧密纠缠在一起。研究表明，对于这种界定身份性质的观点，人们对反驳证据会做出不同的反应。当某些人的身份由某种立场所界定，然后看到了反驳该立场的证据时，他们往往会更加坚信原有的看法，对说服更加抗拒。反驳立场的证据越强，他们就越容易固守原有观点。毫无疑问，这是本书最令人灰心的一段话。加深对这一现象及其纠正方法的理解，正是当代最重要的社会政治因素之一。参见 D. Flynn, B. Nyhan, and J. Reifler, "The Nature and Origins of Misperceptions: Understanding False and Unsupported Beliefs About Politics," *Advances in Political Psychology*, 38 (2017): 127–150。

那么，你如果想调动受众采取中枢处理的话，最有力的工具就是解释你的发现对受众有何影响——他们从中能获得什么。

另一个预测受众有多大概率采取中枢处理的因素是，他们是否有能力聚焦于内容。沟通过程中的干扰——比如收到短信或背景噪声——会让受众更难动用中枢处理。要用清晰的论证对抗这些分心因素，采取减轻认知负荷的沟通框架。要努力让人们全神贯注于需要中枢处理的关键议题。

## 受众大多数时间里用的是周围处理

中枢处理要消耗大量认知资源。受众只能将其用于数目有限的话题。要假定受众想要避免与中枢处理相伴的认知负荷，倾向于采用周围处理，除非明确与切身利益相关。

周围处理是低详尽度路径。采用这条路径的受众一般会依赖容易评判的信号，而非数据和论证本身，比如发言人的可信度。相比于中枢处理路径，这条路径主要不是看推理过程的优劣，而是看内容的表述和传达形式。

面对采用周围处理的受众，你可能会感到沮丧，也可能会感到满意，这取决于他们的偏向。他们不太关注数据，更容易受数据以外的因素左右。这会造成各种局面，有可能是轻信你的结论，也可能是激烈抵制，证据再有力也没有用。话虽如此，相比于通过中枢处理形成的意见，周围处理形成的意见更容易在日后遭到反驳时烟消云散。

就算你付出了最大努力,但还是要预期大多数受众会在大多数时间里采用周围处理。信息实在是太多了,要做的决定也太多了,实在不能所有事情都走中枢处理路径。高效沟通者会承认受众用各种信息来评判信息。他们在沟通中会诉诸两条处理路径,而且会明确每个受众的 WIIFT,从而提高受众动用中枢处理的可能性。

# 用 WIIFT 提高动用中枢处理的概率

要想让受众采取中枢处理路径,最有效的手段就是在每次沟通的主旨中都解释 WIIFT,也就是"他们从中能获得什么"。[1] WIIFT 会解释理解了数据,或者采纳了倡议对受众有什么好处,从而说明沟通内容与受众个体的切身关系。

花时间考虑 WIIFT 的沟通者太少了。因此,受众看不到很多沟通内容跟自己有什么关系,于是就不上心。如果你要沟通的信息对受众没有意义,那就写不出 WIIFT。但更常见的情况是,你的沟通有某个方面会影响到受众的生活,无论关系多么抽象。如果理解你说的话对受众有益,那你就是有 WIIFT 的。

**如何写出有力的 WIIFT**
- 将你的主旨与其对受众生活的具体影响联系起来;

---

[1] 解释思想对受众有何益处,这是一个比 WIIFT 广阔得多的概念。它通常读作"whiff-tee"(威夫-替),方便你在单位里推广这个概念。

- 解释为什么主旨对受众有意义；
- 换一批受众，就要改写 WIIFT。

## 将主旨与主旨对受众生活的影响联系起来

为了解释 WIIFT，你必须懂得你的每一个受众在意什么，你的信息又会如何切身影响到他们。要考虑所有会影响受众日常体验的因素。回答以下问题有助于得出有力的 WIIFT。

- 这个话题会如何影响他们日常工作的难易？
- 这个数据会如何影响他们的评价和薪酬？
- 这些发现会如何影响他们获取资源和人脉，实现自身目标的能力？
- 这个提议会如何影响受众在组织内的地位？

因为有力的 WIIFT 是因人而定，所以受众变了，WIIFT 也要跟着变。要记住，组织是由人组成的，这些人的目标可能与组织的目标契合，也可能不契合。群体和个人会积极反对那些会使其失去资源的变动。WIIFT 的效力来源于面对现实，它逼着你问自己一个受众一直在试图回答的问题：这对我有什么意义？

在表 7.2 的示例中，注意 WIIFT 是如何讨论每个话题对受众的影响的。

表 7.2  示例

| 受众 | 话题 | 话题对受众有何意义？ | WIIFT 示例 |
| --- | --- | --- | --- |
| 首席财务官 | 现金预测 | 首席财务官负责确保公司手上有充足的现金 | 本季度末需要将信贷额度提高20%，才能支付员工工资 |
| 营销总监 | 营销分配 | 个人绩效的衡量指标是投资回报率 | 将营销费用重新分配给线上项目可以将投资回报率提高一倍 |
| IT 经理 | 数据安全 | 公司会训诫违反隐私政策的员工 | 要理解公司的数据安全规定，以免遭到训诫 |
| 全体普通员工 | 员工满意度调查 | 经理是职场满意度的一个主要因素 | 填写员工满意调查表，以便公司向最优秀的经理发奖金 |

# 问自己：主旨对受众有何意义

表 7.3—表 7.5 中的例子展示了不同作者分别是通过怎样的思维过程，从笼统的主旨得出 WIIFT。他们问自己，为什么这个话题对这批受众有意义？这些信息对受众有什么影响？通过回答上述问题，作者将主旨改成了 WIIFT。

表 7.3　例 1：清晰阐述问题

| | |
|---|---|
| 原主旨 | 营收分析表明，我们的理赔流程存在问题 |
| 受众 | 一家大型医院的计费部门 |
| 作者 | 一名医生兼大型医院的合伙人，他调查了医院前一年的营收下降情况 |
| 对受众有何意义 | 保险公司否认理赔宗数增加。获批理赔宗数减少，能够几乎完全解释前一年的营收下降。营收持续下降会导致裁员 |
| 对受众有何影响 | 保险公司拒保的理由主要是信息不全或不实。计费部门负责核实提交的理赔申请信息完整属实 |
| 改后的 WIIFT | 营收分析表明，如果能将因信息不全导致拒保的情况减少 20%，营收增长率就能从负 5% 扭转为正 10% |

**明确主旨有助于明确 WIIFT**

同伴觉得作者原本的主旨含糊不清，没讲清楚可能的原因和结果。作者承认了这一点，但担心如果将问题解释为计费问题，可能会引起计费部门的抵制。解决问题主要就是靠计费部门，作者不想疏远他们。

同伴指出，计费部门有能力扭转医院营收的下滑。他们问道，计费部门为什么还没有行动起来。作者意识到，计费部门大概并未意识到拒保对医院营收的影响。基于这一看法，作者着手写了一段 WIIFT，目的是让计费部门明白，他们的行动能够对医院整体产生何种影响。

为此，作者用数字表明，合理的拒保率下降会对整体营收有何影响。作者觉得，理赔率提高20%是一个可实现的目标。WIIFT中没有说计费部门需要达到100%的理赔率——那是不可能的。

作者向计费部门展示了降低拒保率的影响，有助于让他们意识到问题的存在，也能激励他们寻找解决办法。计费部门向全体员工推行了新流程，提高了提交信息的完整度。

表7.4 例2：明确范围和时间框架

| | |
|---|---|
| 原主旨 | 使用双重认证[1]的顾客转账成功率很低，我们必须优先分析这一现象的原因 |
| 受众 | 一家大型银行的工程领导团队 |
| 作者 | 一家大型银行网站开发团队的总工程师 |
| 对受众有何意义 | 目前，顾客在银行网站上进行大额转账时可以使用单认证或双重认证。工程团队努力在下个季度前实现所有大额转账都要求双重认证。这是团队年度目标的一个显著成果，而且已经呈交董事会。目前，双重认证转账失败四次的频率高于安全单认证方法 |

---

[1] 双重认证是一种网络安全协议，用户必须提供双重证据来证实其身份。双重认证的一个例子是，密码加发送到手机的短信验证码。在这个例子中，用户同时正确输入这两条验证信息，才能转账成功。如果有一条不正确，则视为转账失败。输错密码四次，第五次输入正确的用户会产生四次失败转账和一次成功转账——成功率是20%。

续 表

| | |
|---|---|
| 对受众有何影响 | 如果团队不能确定目前流程失败率高的原因,那就无法有效解决。如果解决不了,那么团队要么无法在截止日期前完成任务,要么要求顾客接受现有的双重认证体验。现有双重认证体验的高失败率会产生大量投诉。两种情况都是团队的显著失败 |
| 改后的 WIIFT | 我们无法履行在第三季度前部署双重认证的承诺,除非我们能解释为什么双重认证的转账失败率高达 40%,而单认证失败率仅为 10% |

**提醒受众注意时间框架和严重程度,有助于激发紧迫感**

同伴要求作者解释问题的紧迫性,从而说明问题与受众切身相关。作者原本以为受众明白这项要求的紧迫性,因为作者每次开会都提这件事。反思过后,作者意识到之前的讨论通常是争论问题的可能原因,而不讲截止日期或任务的重要性。改后的 WIIFT 提醒受众注意项目的显著性,并用数字说明了问题的严重程度。

对团队来说,这都不是新消息了,但他们从来没有同时考虑过问题的严重程度、截止日期的紧迫程度、项目的显著程度。因为作者被指派为项目领导,所以受众以为有事情需要他们记住的话,作者都会出言提醒的。当团队听到这三点统合为一条主旨时,他们意识到项目的重要性,于是安排多名工程师去彻查。

表 7.5 例 3：将提案与共同目标联系起来

| 原主旨 | 我们应该将一个分部使用的内容管理系统[①]推广到整个部门 |
| --- | --- |
| 受众 | 部门领导团队 |
| 作者 | 一家大型出版集团的某分部负责部署和维护该系统的经理 |
| 对受众有何意义 | CEO 高调发布了梳理整合集团技术平台，实现降本增效的指令。部门领导的薪资与上述目标挂钩。目前，集团乃至单个部门内部的技术平台数量多且存在重叠 |
| 对受众有何影响 | 部署平台需要在座的每一名成员切实付出时间。采纳这一提案意味着，用于其他提案的时间就少了。如果部门能顺利部署这一技术平台，则有利于集团层面的部署，从长远来看能够为部门节约时间。另外，这也有利于部门领导在集团内升职 |
| 改后的 WIIFT | 我们应当采用由本分部开发的内容管理系统，因为这是我们开发和管理水平最好的内容管理系统。采用该系统是实现集团 CEO 整合技术平台，降本增效要求的最高效手段 |

**将提案与共同目标联系起来，有助于解释为什么受众应当报以关心**

同伴觉得作者的提案是有力的，但不清楚这样做有什么好处。作者意识到，提案最大的好处在于，它有机会以尽可能顺畅

---

① 内容管理系统的功能是管理数字内容，比如文本、照片和视频。这些系统一般支持多人读取和编辑内容，控制修改权限，并为创建、审阅和发布内容提供流程支持，尤其是线上或线下出版。

的方式完成 CEO 的指令。如果能在这个目标上取得进展，受众的薪资和长远前途都有好处，否则就会有更加突出的负面影响。

作者聚焦于 CEO 要求整合技术平台的指令，围绕一个领导团队都关心，而且与个人利益挂钩的目标展开论述。[①] 作者之所以聚焦于效率，是因为强调该提案的风险比其他选项都低。与其他旨在提高生产效率或拉高营收的提案相比，该提案的特点是风险低且契合 CEO 的目标。通过将提案与领导团队共同的目标联系起来，作者得以引起团队的兴趣，使其认真考虑这一提案。

## 受众变了，WIIFT 也要跟着变

既然 WIIFT 讲的是为什么某个话题对某个受众有意义，那么，不同受众对 WIIFT 的要求就不同，哪怕是一样的话题。要针对每个受众撰写新的 WIIFT，哪怕只改这一条。表 7.6—表 7.8 的例子是面向三个不同的受众讲同一个话题，比较 WIIFT 的异同。每个 WIIFT 都来自话题内容及其对各个受众的影响。

作者供职于一家高速增长的高端牙科器械生产商，担任应付账款部负责人。应付账款部负责向公司的全部供应商支付款项。公司推出最新牙科技术上市，以此自傲。公司鼓励员工采购一切有助于提高工作效率的工具或设备。

---

① 值得一提的是，领导薪资与这个目标是挂钩的。这是诉诸自利心理，而不仅仅是搬出公司的指令。诉诸对受众没有直接好处的企业愿景或目标，结果往往是有别人看着的时候就点头表示赞同，过后就什么都不做。

公司规模小的时候，经理审批通过员工的采购要求后，就直接给应付账款部发电子邮件。现在公司壮大了，采购数量太大，没法用电子邮件处理了。应付账款部部署了一套新的线上采购审批系统，需要向员工教授使用方法。系统虽然不复杂，但流程有变化。

员工几乎每周都会收到关于新系统的通知，常常会无视掉。作者担心再发一封关于新系统的邮件，员工也容易不当回事。继续使用旧系统的人越多，应付账款部重新培训员工的耗时就越长，员工有怨言的可能性也越大。作为辅助职能部门，应付账款部的评价主要基于其他员工的满意度反馈。

为此目的，作者将公司员工划分为三大受众：高管，负责公司的整体健康状况和业绩；经理，负责审批员工的采购申请；员工，他们是提出采购申请的人。经理有时也会提出金额较大，必须由高管审批的采购申请，但这种情况很罕见，而且数额巨大，通常会特事特办。

表 7.6　受众 1：高管

| | |
|---|---|
| 高管的 WIIFT | 新采购流程能提高采购审批的效率，提高开支预测的时效性和准确性。除了以上好处外，新系统应该不会对高管的工作流有大的影响 |

**这件事对高管有什么意义？**

有了新的线上采购审批系统，应付账款部可以更快、更准确地向高管汇报公司开支情况。高管可以利用这些信息,决定将资源投入哪些领域。现金管理对公司的核心业务很重要。公司投资开发产品与资金回笼之间有很长的时间间隔。可动用的现金越多,公司能制造出的产品就越多,也越容易满足客户需求。提高现金预测能力会降低决策风险。

**这件事对高管有什么影响?**

新系统对高管的日常生活基本没有影响。除非有经理表示不满,否则高管甚至不会注意换系统了。

**面向高管的主旨和 WIIFT**

作者发现,新系统对高管的大部分益处来自汇报水平提升。高管必须处理大量涌入的信息。作者觉得,如果能减轻高管理解新系统的负担,未来再有项目需要申请的时候,对方可能会更信任作者。面向这一受众,WIIFT 的重点是高管不需要做任何事,也不需要花很多心思了解新系统。

表 7.7 受众 2:经理

| 经理的 WIIFT | 掌握了新的采购审批流程后,经理可以在一个系统内审批和追踪所有采购申请,节省时间。另外应付账款部批款也会更快 |
| --- | --- |

**这件事对经理有什么意义?**

在这家公司,经理负责审批员工的采购申请。延迟审批会拖员工的后腿,也会降低其工作效率。另外,出现延迟,员工就会投诉，经理又会投诉应付账款部。目前的审批流程是基于电子邮件，申请跟进要花费很多时间。如果新系统运行顺利的话，经理可以在跟进上少花时间，投诉也会减少。

**这件事对经理有什么影响？**

经理的工作流会有显著变动。如果运用得当的话，作者相信新系统会帮经理节省时间。如果经理或团队成员不采用新流程，采购审批时间会拉长，经理也需要花时间追在员工屁股后面，要求他们重新提交申请。

**面向经理的主旨和 WIIFT**

面对经理，作者将 WIIFT 的重点落在节省时间上，说明新系统能够集中处理采购申请，减少审批延迟，从而节省经理的时间。作者希望，这项好处会鼓励经理深入了解新系统，从而利用省时优势。对于不觉得现有系统是负担的经理，作者承认 WIIFT 的吸引力有限，但他也指出，这些经理收到的采购申请一般也最少。

表 7.8 受众 3：员工

| | |
|---|---|
| 员工的 WIIFT | 员工需要通过新系统提交申请，采购申请才能获批。了解并使用新系统能加快申请获批速度 |

**这件事对员工有什么意义？**

员工采购设备和工具是为了工作便利。申请获批难度越小，速度越快，就越方便工作。

### 这件事对员工有什么影响？

采购审批的流程会改变。相比于旧系统，新系统标准化程度更高，但灵活性也较差。员工以前只需要给经理发一封电子邮件就行了。刚开始用新系统时，员工很可能会多花一些时间。虽然新系统会减少审批延迟，但一名员工遇到延迟的次数不会很多。因此，对这批受众来说，审批加快不会有很强的说服力。

### 面向员工的主旨和 WIIFT

作者指出，员工需要学习使用新系统，而且单个员工不会明显获益。这项改革会让公司从一套灵活的系统转向另一套不那么灵活的系统，还会引入一套大部分员工每年只会用几次的新流程。

因此，作者很难为这批受众找到重大收益。另外，大部分转换成本都要由这个群体承担，所以作者就更觉得挫败了。作者找到的最大益处是，员工必须使用新系统，采购申请才能获批。为了让员工信服，作者聚焦于这一影响，避谈其他群体获得的好处——比如报告质量提高和集中化审批。作者重点讲能更快拿到采购的器械，淡化审批速度，因为采购器械到货对员工的影响更具体。

---

> **当心：哪怕"只是通报消息"，也要明确 WIIFT**
>
> 不以说服受众为目标的沟通，同样需要明确"他们从中能获得什么"。与说服性沟通不同，信息通报更容易遭到无视或删

— 225 —

> 除，受众也更容易心不在焉，因为通报并不要求受众明确赞同某个看法，或者采取某种措施。
>
> 因此，对通报性沟通来说，说明这些信息为什么对受众有意义，对受众生活有何影响反而更加重要。要用 WIIFT 向受众解释数据会如何影响他们，为什么认真花时间理解是有价值的。

# 借助周围处理信号

受众想要在认知上省力。虽然条理清晰，有明确 WIIFT 叙事的沟通能够减轻中枢处理的负担，但所有思维都至少会受到一部分周围处理的影响。高效沟通者会借助受众用于评判分析的所有因素。

替代偏误有助于解释双管齐下的重要性。替代偏误指的是，我们自发地倾向于用容易思考的问题替换难以评判的复杂问题。这是无意间发生的。例如，评判你的分析是否可信是一个消耗大量认知资源的挑战，于是，受众常常会将它替换成一个更容易用情感评判的问题：这篇分析的沟通者看起来可信吗？

高效沟通者承认替代偏误等偏误的力量，并设法利用偏误来减轻受众的认知负荷，同时避免歪曲数据。他们会寻找能引发反响的信号，然后加以放大。具体来说，他们会考虑如何树立自身的可信度，如何根据一般思维方式来设定框架。

## 强调可信度来源

既然评判你的分析是否可信很难,而评判你是否可信似乎要容易得多,那你就一定要考虑清楚自己想要强调的可信度来源。虽然可信度来源不能捏造,但你可以放大最容易引发共鸣的可信度来源信号。职位、专业素养、共同立场都是可信度来源。[①]

### 职 位

职位指的是你在组织内的正式地位。如果你身处一个层级组织,那么,高职位可能是一个重要的可信度来源。如果你的职位高于受众,那要在适当情况下予以强调。如果你的地位低于受众,那可以借用某个职位更高的人的可信度。这样做的方法有很多,可以是提及上级领导批准,也可以是请职位更高的人来发言。如果职位在你的组织里不是主要的可信度来源,那就不要强调。

### 专业素养

专业素养指的是,受众对你在话题相关知识方面的观感。要记住,观感可能符合实际,也可能不符合。当受众感知不到你的专业素养时,可以考虑介绍你的专业背景。要聚焦于可验证的事

---

[①] 本章讨论的因素改写自玛丽·蒙特(Mary Munter)和林恩·汉密尔顿(Lynn Hamilton)的《管理沟通指南》(*Guide to Managerial Communications*),可惜该书已经绝版。这些因素是基于弗伦奇、雷文和科特(French, Raven and Kotter)的社会权力理论。

实,比如你从事某些方面的工作有多长时间,有哪些具体成果。如果受众觉得你不够专业,你可以采用受众认可的信源,与相关领域的公认专家保持一致。

除此之外,展现专业素养靠的是沟通的清晰度,而不是详细深入的程度。努力和能力的证据来源于思维清晰,而不是看你往一张幻灯片里塞了多少数据。

## 善 意

善意指的是受众对你的正面情感。善意基于两点,一是你与受众的交往经历,二是你的信誉。

交往经历可以理解成去银行存款。要提前往善意银行的账户里存款,以备不时之需。①主动支持他人。寻找能或多或少改善他人生活的机会,尤其是举手之劳。向受众巧妙提起先前的正面交往经历,借此强调你的善意。

信誉不太像银行账户,而更像是一棵树。信誉会慢慢生长,由代表值得信任和成绩优秀的长期一贯证据滋养。然而,只要有一件事证明你不值得信赖,信誉就可能垮掉。树立信誉靠的是真诚敞亮。在沟通过程中,要诚实地摆出 WIIFT,说明你的结论对受众有何影响。要公允地评估事实,揭示利益冲突。要做好回答

---

① 学过说服理论的人会发现,这就是罗伯特·恰尔迪尼(Robert Cialdini)的互惠原则。本章聚焦于具体与数据相关的说服原理。掌握说服原理是所有沟通者的一项重要技能。恰尔迪尼的《影响力》(*Influence: The Psychology of Persuasion*)依然是优秀的入门书。

相关问题的准备，可以回避不相关的问题，前提是不影响你的可信度。

## 共同立场

共同立场指的是，受众相信你拥有跟他们相同的价值观和目标。要说明共同的价值观和目标，借此强调共同立场。讲述你和受众有哪些相似点。[1]WIIFT 要围绕你和受众的共同受益来阐述，以此强化共同立场。

当你与受众没有显而易见的共同立场时，可以诉诸更高站位、更长远的目标。要找到你们的"共同目的"。[2] 共同目的是受众和沟通者都想实现的最具体的结果。它可能是组织目标，比如"我们需要共同想办法达到高管团队制定的增长目标"，或者"我们需要共同设法减少不必要开支"。如果有严重冲突的话，你可能不得不让目标远离具体问题，比如"我们要共同设想出前进的道路"。

---

[1] 与本节中论述的所有性质一样，判断力与灵活性至关重要。立场是否一致，这是由受众决定的。因此，要理解受众的判断标准。我有个朋友听过一名讲师讲课。台下是退役后进入商学院就读的老兵，讲师说她完全了解听众的经历，因为她的儿子就是退役军人。听众不认为这是一个可信的共同点。如果讲师说，她亲眼见过儿子经历过同样的痛苦过渡期，那么听众可能会更领会她要表达的精神。
[2] 这个词义出自克里·帕特森等人（Kerry Patterson et al.）的《关键对话》(Crucial Conversations: Tools for Talking When the Stakes Are High)，这是一本阐述重要人际沟通的优秀读物。

# 围绕通常的思维模式来设定框架

框架就是语境，受众利用它来解读数据。有效铺垫会让沟通更有力度，也有助于引导受众得出正确的结论。同样一杯水，可以说是半满，也可以说是半空，这就是用两个不同的框架来描述同一个现象。框架为数据赋予意义，所以是不可避免的。你只能决定是有意识地选择框架，还是放任自流。

设定框架不会改变底层数据，但可以改变受众基于数据做出的决定。大量研究表明了这一效应。有一次，一场经济学会议提高会费，用了两种不同的表述框架。一组的说法是，涨会费是惩罚晚报名的人。另一组则说成是奖励早报名的人。惩罚组有93%的博士生提前报名，而奖励组只有63%。[①] 唯一的区别就是表述框架。

在一切沟通数据的场合，设定数据框架都是最重要的选择之一，因为框架阐述了数据的含义。[②] 框架要有助于理解，保持数据的完整性，并向受众指向适当的结论。下面给出了四种常见的数据框架。不要削足适履，而要学习识别场合，采用贴合数据的

---

[①] 你可能会觉得经济学博士生会更懂。这项研究也针对经济学教师做了一遍。表述框架没有改变他们的报名率。你几乎能听见论文作者——他们全都是经济学教师——发出欣慰的叹息。与所有偏误一样，学习过辨别方法的受众能更好地规避偏误。参见 S. Gächter, H. Orzen, E. Renner, and C. Stamer, "Are Experimental Economists Prone to Framing Effects? A Natural Field Experiment," *Journal of Economic Behavior and Organization* 70, no. 3 (2009): 443–446。

[②] 本节结合了心理学和社会学的框架观。与说服一样，框架是一个庞大的跨学科话题，难免挂一漏万。我努力聚焦于少数关键概念，帮助读者开始更深入地认识框架的影响，以便提高数据沟通的效力。

框架设定方法。

## 个人影响 > 群体影响 > 公众影响

在设定数据框架时,要聚焦于受众认同的最小群体。在个人主义文化中,这意味着要聚焦于个人影响。在集体主义文化中,这可能意味着要聚焦于基层团队。

围绕狭小群体来设定框架的做法,利用了多种与自我中心相关的认知偏误:我们倾向于关注自己的视角,难以考虑他人。WIIFT 设定的数据框架切合这些自我中心偏误。巧妙诉诸个人影响会带来一连串好处:受众更可能采取中枢处理路径,有助于受众调动认知能量来处理底层数据,进而更好地理解数据。如表 7.9 所示。

诉诸个人影响可能会让你感到不自在。你不得不聚焦于受众看重的好处,而这可能违背了你的个人价值观。如果你相信捐赠应该是为了帮助他人,而非提升自身的地位,那么,你可能会不愿意将捐赠描述为捐赠人扬名的机会。但对一些受众来说,诉诸个人利益会更有效。

当然了,没有哪一种框架能适应所有情况。要对受众的价值观有实事求是的认识,借此确定哪一个层面的影响最能引发反响。

表 7.9　示例 1

| 个人影响 | 群体影响 | 公众影响 |
|---|---|---|
| 改用云端文字处理程序意味着，你再也不需要大半夜合并四个演示文稿版本的修订痕迹了 | 改用云端文字处理程序会让我们的团队工作效率更高 | 改用云端文字处理程序能让公司每年节省200万美元 |
| 如果我们都佩戴个人防护用品的话，那么，你和你的亲友被传染的概率就会降低70% | 佩戴个人防护用品会将团队成员被传染的概率降低70% | 佩戴个人防护用品是守护社区所有人的生命安全 |
| 给母校年度基金捐款会提高学校的排名，从而让你的学位更有价值 | 给母校年度基金捐款能够扶持像你一样的未来学子 | 给母校年度基金捐款有助于提升社会教育水平 |

## 具体＞抽象

多关注具体，少关注抽象。这意味着，要引导受众聚焦于看得见、摸得着的好处，而不是纯观念层面的好处。提升"团队效率"是一个抽象的计划，你可以改用更具体的框架，表述为"夺回你的周末"。数据图中最显眼的元素需要的认知负荷更少，同理，具体意象也更突出，记住它们所需的认知负荷更少。

在《行为设计学》一书中，奇普·希思和丹·希思将记忆比作魔术贴，一面是圆毛，一面是刺毛。相比于抽象概念，具体意象产生的刺毛更多，让你的想法更容易停留在受众的头脑里。

在沟通中加入具体意象，是最容易操作的框架设定手法之一。人们之所以常有抵触情绪，是因为培养专业技能的过程，就是能够驾驭越来越抽象的概念的过程。你可能会觉得，回归具体就像是回到了小学。要提醒自己，向他人解释复杂想法的能力需要纯熟掌握，而且也常常借助具象化。如表 7.10 所示。

表 7.10 示例 2

| 具体 | 抽象 |
| --- | --- |
| 使用更贵的胶水，怒斥我们的高端手提包闻起来"像化学品"的顾客反馈就会减少 | 开发更贵的胶水会提高我们的产品质量 |
| 在火车上工作，你就能从原本的工作时间里挤出一个小时陪伴子女 | 在火车上工作是一种更高效的时间利用方式 |
| 新的登机流程实施后，我们每个月能够增加 300 名新顾客，同时无须扩大客服团队 | 登机流程自动化会将登机时间减少 30% |

## 近期 > 远期

要强调近期影响，哪怕影响不如远期影响大。这种效应的正式名称是"双曲贴现"。人类对未来收益或损失的贴现率远远超出了统计学的合理范畴，目前已经有大量文献研究了这一现象。距离现在越远，效应就越强。一边是更快能拿到手的小收益，一边是需要更长时间才能实现的大回报，人们往往会偏好前者，哪怕回报大到足以弥补时间风险的程度。如表 7.11 所示。

与许多心理捷径一样，双曲贴现效应的强弱高度依赖个人和情境。通过练习，人能够锻炼出对双曲贴现的抵抗力，但效果往往局限于自身专业领域。一个人有丰富的现金流预测经验，他对延迟满足的价值可能有非凡的直观认知，但他依然会不顾长远健康利益，选择在今天吃下一块蛋糕。

表 7.11　示例 3

| 近期 | 远期 |
| --- | --- |
| 如果你现在往退休金账户里存钱，公司会存入相同的金额，相当于马上涨薪 | 如果你往退休金账户里存钱，公司会存入相同的金额，这样你退休后就能过得更舒适 |
| 招聘一名全职机器学习专家，第一年就能节省100万美元开支，超过了用工成本 | 招聘一名全职机器学习专家能够在五年后增收2.3亿美元，超过了用工成本 |
| 如果我们不停下来用一周时间修理的话，以后每周都要浪费半天时间处理 | 如果拖到明年的话，这个问题就要用一个月才能解决了 |

## 避害 > 趋利

在可能的情况下，表述上要说能帮助受众守住他们已经有的东西，而不是获得更多他们还没有的东西。前面提到的参会费研究就展示了这种框架设定方法。当涨价被表述为损失时，博士生更有积极性，因为他们要避免失去已有的低价。当原价被表述为"真实"价格的折扣价时，博士生争取更多收益，省下同样多的钱的动力就偏弱。

这种损失厌恶是研究最透彻的认知偏误之一。[1] 相比于设法改善自身境况，我们更可能为了保卫已有的东西，哪怕收益远远超过风险。失去 100 美元的痛苦大于获得 100 美元的快乐。

这个简单的洞见为设定框架带来了机遇。当受众可以选择无动于衷时，你要利用损失厌恶。论述你的发现时，要围绕无动于衷的代价，而非奋起行动的好处，如表 7.12 所示。

表 7.12 示例 4

| 避免损失 | 增加收益 |
| --- | --- |
| 如果不进入这个新市场，我们就会在竞争中落入下风 | 进入这个新市场有助于公司发展 |
| 新的潜在客户评分系统，能帮助我们赢得目前失去的 5% 潜在客户 | 新的潜在客户评分系统能够将销售赢率提高 5% |
| 开设优秀的培训计划能够降低应聘者的拒签率 | 开设优秀的培训计划能够提高应聘者的整体素质 |

---

[1] 维基百科的"认知偏差列表"条目中列出了 100 多种与决策相关的偏误，这里摘录笔者最喜欢的几条：
- "韵律当理由效应"，我们认为押韵的句子更有道理。
- "宜家效应"，我们会高估亲手组装的物件，哪怕成品质量糟糕。
- "谷歌效应"，我们会忘记能轻松通过搜索引擎获取的信息。
- "图片优势效应"，相比于文字，用图片传达的概念更容易习得和回忆。

"List of Cognitive Biases," *Wikipedia*, last modified August 15, 2020, https://en.wikipedia.org/wiki/List_of_cognitive_biases.

# 本章关键概念

框架会影响受众对数据的解读。为了充分调动受众,一定要知道 WIIFT,如表 7.13 所示。

表 7.13　说服自查表

| 你做到了吗？ | 提升说服力的手段 |
| --- | --- |
| 明确"他们从中能获得什么" | ● 你的受众是谁？<br>● 数据对这批受众有何影响？<br>● 数据对这批受众有何意义？ |
| 明确你的可信度来源 | ● 你的职位能不能让受众更相信你？<br>● 受众是否了解你的专业素养？<br>● 你过去是否对这批受众做了"善意投资"？<br>● 你是否发现了与这批受众的共同立场？ |
| 设定尽可能有说服力的框架 | ● 你能找到对受众的切身影响吗？<br>● 你能给出具体例子和比喻吗？<br>● 你能发现引起共鸣的近期影响吗？<br>● 你能围绕规避损失来建立表述框架吗？ |

## 就算别的都记不住……

在一切商务沟通中,最有影响力的做法就是明确受众的 WIIFT,也就是"他们从中能获得什么"。

要针对每个受众撰写新的 WIIFT,哪怕只改这一条。

就算你付出了最大努力,但还是要预期大多数受众会在大多数时间里采用周围处理。

不要操纵数据，而要精心设立框架，将数据对受众的影响力最大化。

## 📖 习题：克雷格斯通的选择（下）

下面给出四个场景，为每个场景的受众分别制作明托金字塔。主旨要围绕一个对受众有吸引力的 WIIFT 展开。要对每个受众关心的事项做出合理假设。核心论点和论据要根据主旨进行调整。要运用前一章"克雷格斯通的选择（上）"中给出的事实。

## 场景 1：创始合伙人

你是委员会里的分析师。分析工作大部分都是你和委员会主席共同完成的，你们已经决定，加拿大快运是公司的最好选择。主席要求你向委员会的其他四位合伙人汇报发现结果和建议措施。

委员会里有五名合伙人，自从三十年前创业以来，他们就一直在公司里。其中三人年近七旬，据传近期就要退休。这家公司是他们一生事业中最重大的成就。于公于私，他们都将公司保持健康发展视为自己的遗泽。调研过程中，一位合伙人请你教她在手机上订机票。她说，她上一次亲手预订行程是在 1999 年，当时公司给她配了一名全职助理。

## 场景 2：初级合伙人

你是委员会里的分析师。分析工作大部分都是你和委员会主席共同完成的，你们已经决定，加拿大快运是公司的最好选择。主席要求你向委员会的其他四位合伙人汇报发现结果和建议措施。

委员会里的大部分合伙人都是年近四十，而且都是最近三年被提拔为合伙人的。公司内有传言称，委员身份既是殊荣，也是负担。只有"新星"合伙人才能受邀加入。公司的政策是，新合伙人有五年时间证明自己有能力开拓新业务，否则就会被要求辞职。他们本来可以用开会的时间和老客户培养关系，或者拉新客户。在你参加的每一次会议上，大部分委员在开会的大部分时间里都在操作手机。

## 场景 3：未来的企业领导者

你是差旅政策委员会的主席，也是委员会里资历最深的合伙人。通过与分析师合作，你确定加拿大快运是公司的最好选择。你要说服委员会里的其他合伙人同意。

过去一年里，你贡献了公司营收的 20%，比其他合伙人都要多。论资排辈的话，你日后会领导整个公司。因为你是合伙人晋升委员会的成员，所以你对委员会里的其他合伙人都很了解，而且也参与了他们的晋升。你将其中两人视为自己的门生。你希望他们成为公司未来的领导者（继你之后）。

之所以由你主持委员会，是因为你负责维护与公司最大客户的关系。在客户的 CEO 威胁与克雷格斯通解约后，你承诺会控制差旅成本。你认为，飞涨的差旅成本不利于公司向其他财富百强公司推销项目。近年来，你发现客户对差旅成本愈加重视。你实在厌倦了这种事情：刚入职三年的财务给你打电话，询问一个在奥马哈出差一周后，乘坐晚上 10 点的航班飞回波士顿的 22 岁员工萨姆·亚当斯（Sam Adams）的机票费用。

## 场景 4：分析部会议

你是委员会里的分析师。委员会建议公司应加快信用卡报销，全体合伙人都同意了这个决定。既然你在委员会里，合伙人就请你去波士顿总部的分析师会议中阐述选择加快的决定。在会上做报告是一项殊荣，也昭示着你在公司内的光明前途。

委员会主席表示，你真正的任务是说服分析部的同事，让他们的所有公务开支都走加快信用卡。公司规定，只有用加快信用卡支付的费用才能报销，但谁都不相信。通知"埋"在一份月度简报邮件里。合伙人对手下的团队表示，总不能让一个刚毕业一年的员工自行承担 3000 美元的出差费吧，不管他用的是哪张信用卡。再说了，折腾信用卡优惠和积分既是公司上下的普遍爱好，也是一项工作福利，这有助于补偿大量出差的代价。

波士顿总部还有 20 名分析师。你一贯与同事关系融洽，但由于你和委员会里的合伙人走得很近，有人心生嫉妒。你已经有了马屁精的名声，由你宣讲政策似乎对你的名声没有好处。

## 场景 5：分析部午餐

你是委员会里的分析师。委员会建议公司用加快信用卡报销，全体合伙人都同意了这个决定。月度简报邮件里通报了政策，但政策宣讲会从下周才开始。

难得周五所有人都在班上。只要大部分同事都在，和你一批进克雷格斯通的分析部同事都会尽量一块吃午餐。如果你们能在 11 点 45 分之前赶到油橄榄——单位旁边的中东餐厅——那通常能够拼桌八个人一起吃饭。

你的烤肉卷饼刚吃到一半，有人问你："加快那个破玩意到底是怎么回事？本来我晚上和周末休息就没有了，现在连信用卡福利都不给我留。是那些合伙人搞的吗？他们倒是有助理，什么都替他们干了，他们连用手机订酒店都不会。"你刚放下烤肉卷饼就注意到，餐桌上的所有闲聊都停止了。每个人都在看着你。

PART IV

**第四部分**

# 数据呈现与论证

—

如何预先准备以回应受众

第八章

# 数据呈现

▬

巧做准备

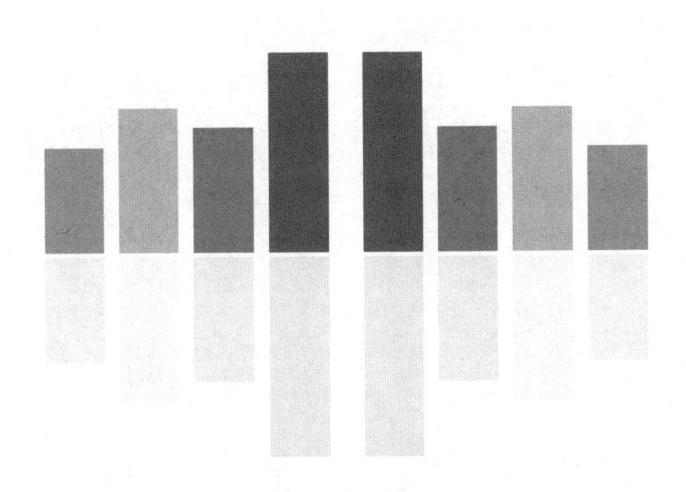

> 这张图解释了量子霍尔效应。现在,请容我再讲片刻,下一张图展示了亚马孙盆地的降雨情况……
>
> 只要你不停地说"请容我再讲片刻",大家要过一阵子才会发现,你播放的幻灯片毫无次序逻辑可言。

常言道,数据自己会说话,但事实并非如此。数据不会说话,当然更不能解释它对你的业务有何意义。本章将讲解如何在受众面前让数据"发声"。本章前半部分概述了 TOP-T 框架,这是一种数据向幻灯片的制作思路。掌握这套框架有助于让你厘清数据的含义,让受众更快理解你的意思,还会加强你的说服力。本章后半部分则会深入讲解高阶报告技巧。习题给出了练习用幻灯片,帮助你磨炼技能。

## 让数据"发声"

在最好的情况下，数据导向的演示文稿能够促进交互，丰富讨论，得出优质决策。在最差的情况下，数据展示一团乱麻，让你疲于招架。到了最后，你为方法缺陷给大家道歉，听众则认为数据毫无意义，不知所云。

在展示单张数据幻灯片时，拥有一套良好的框架能够避免陷入混乱。用同一套结构讲每一张幻灯片，有助于持续满足受众的需求。这里要介绍 TOP-T 框架，它能确保你全面涵盖优秀演示的要素，让你的内容与受众的思维处理模式相契合。明托金字塔是在宏观层面制定沟通的整体结构，TOP-T 框架则是一款微观层面的工具，针对的是如何讲述一次演示中的一张幻灯片。凭借这一框架，你可以让受众信任你的数据，相信你解读数据的能力，还能让大家能够一起展开建设性的讨论。

## 用 TOP-T 框架引导受众

TOP-T 框架包括四个发言要素，受众在处理每张数据幻灯片时都需要它们：话题、导引、要点、过渡。① 接下来，我们会先从整体上介绍四个要素，然后依次深入探讨。在展示每张幻灯片时，都一定要包含以下四个要素：

**T** 话题（Topic）：用两三个词介绍幻灯片的话题。每次切幻灯片时，受众都会迎来一大批新的视觉信息，所以要在切换之前介绍下一张的话题，帮助受众进入语境。

**O** 导引（Orient）：向受众讲解数据图中的每一个编码，包括坐标轴、数据、分析、缩写、方法、计算过程。这应该是演示中时间最长——也最重要——的部分。有效导引能帮助受众理解数据，自行核验结论。

**P** 要点（Point）：介绍数据图的要点。要点也应该是幻灯片的提要。如果导引部分做得好，要点应该是一带而过，受众会想："果然如此！数据明显就是这个意思。"说完要点后，你可以暂停，进行答疑或讨论。

**T** 过渡（Transition）：说明这张幻灯片与下张幻灯片的内容联系。有效过渡会讲好故事，将每张幻灯片串联起来，置于演示整体的语境下。人类会自行联想和寻找模式，哪怕关联并不存在。要把概念的联系告诉受众，以免他们主观臆造联系。有效过渡会蕴含着下一张幻灯片的话题。

## 掌握 TOP-T 框架的组成部分

本节将通过下面的幻灯片，拆解 TOP-T 框架的各个组成部分。每个组成部分都配有例子、常见误区和优良指标。

---

① 这套框架的变体有很多，人们每次试图总结数据演示框架，就会得出一套新框架。虽然次序和强调重点有变化，但每套方法包含的主题基本类似。TOP-T 框架改编自我千禧年初在贝恩咨询公司见过的多种框架。几十年来，我对各种机构、行业和层次的专业人士用过这套框架，得到了实践验证。

假设图 8.1 中的示例幻灯片和数据图的目标受众是一家大型企业的中等规模部门的领导团队。在这个场景中，团队成员都了解销售数据，但有一部分成员是每个季度才审阅一遍。

第三季度一贯表现最差

XYZ 集团季度预订收入

3200 万美元
2000 万美元

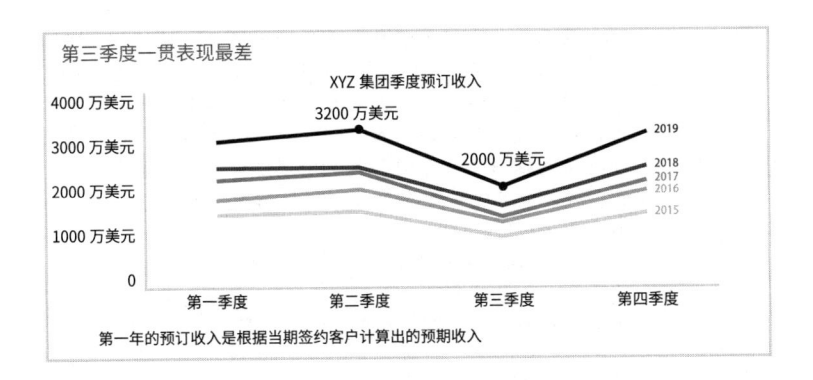

2019
2018
2017
2016
2015

第一季度　第二季度　第三季度　第四季度

第一年的预订收入是根据当期签约客户计算出的预期收入

图 8.1　示例幻灯片 1

来源：XYZ 公司财务部。

利用示例幻灯片，我们分别深入 TOP-T 框架的各个要素，见表 8.1。

表 8.1　演示发言稿示例 1

| 使用 TOP-T 框架的演示发言稿示例 | |
|---|---|
| 话题 | 我们来看季度预订收入的情况① |
| 导引 | 图中展示了过去四年里每个季度的预订收入情况，最下面的一条线是 2015 年，最上面是 2019 年。这里提醒一下，预订收入指的是，该季度销售团队签下的所有订单预计将于次年产生的收入。比方说，一家新客户在一季度签了为期一年的合同，每个季度支付 100 万美元，那么，我们就在一季度的账上记这家客户预订收入 400 万美元。<br>2019 年，二季度签单客户预计将在下一年产生 3200 万美元收入，三季度预订收入则只有 2000 万美元。过去五年里，每年三季度都会出现同样的下跌 |
| 要点 | 我司业务具有季节性特征，三季度一贯表现最差 |
| 过渡 | 我们探究了三季度预订下跌的原因 |

# 1. 话题概览

话题是简要描述幻灯片显示的数据类型。话题应该言简意赅，不要直接跳到结论。话题讲的是图中呈现了哪一种数据，比如"营收"，或者"客户盈利能力分析"，见图 8.2。

---

① 受众对数据的熟悉程度决定了"预订"的定义需要细致到什么程度。一般来说，只要受众里有人平常不跟这个指标打交道，但又要做出涉及这个指标的决策，那么在解释的时候宁多勿少。本例中就是这样做的。

> 数据图标题也是幻灯片的话题。

第三季度一贯表现最差

XYZ集团季度预订收入

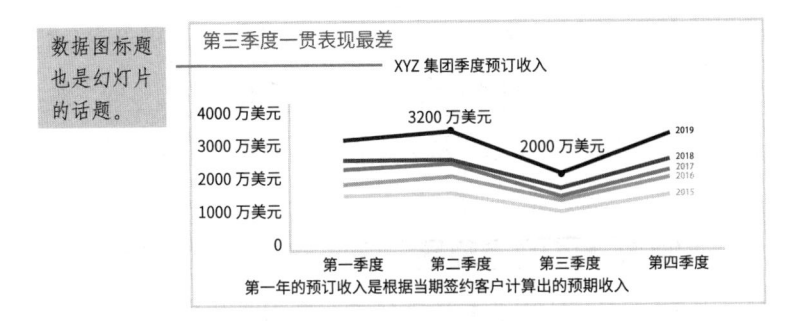

4000万美元
3200万美元
3000万美元                2000万美元      2019
2000万美元                                2018
1000万美元                                2017
0                                        2016
   第一季度  第二季度  第三季度  第四季度  2015

第一年的预订收入是根据当期签约客户计算出的预期收入

图 8.2　示例幻灯片 2

来源：XYZ 公司财务部。

话题让受众进入幻灯片的语境，让他们能更快消化图中内容。当新幻灯片在平面上闪现或者翻页的时候，一波新信息会淹没受众。陈述话题有助于平滑过渡，也给了受众收心的时间。要利用好这一刻。

## 这张幻灯片的话题示例

- 我们考察了预订情况……
- 首先，我们考虑了预订……
- 我们来看预订情况……

## 话题方面最常见的误区是……

一上来就讲幻灯片的要点。受众需要时间去解码数据图。要给他们时间去理解自己看到的内容，从你的数据中得出自己的结

- 249 -

论。如果你不等受众处理幻灯片的信息就给出结论，那可能会触发人们的自发本能，也就是反驳一切自己没有完全理解的东西。你还可能把自己的焦点转移到反驳上，而非专注于数据。

### 表明效果好的迹象是……

从前一张幻灯片平滑过渡到这一张幻灯片的话题，天衣无缝。

> **当心：要聚焦于数据呈现的内容，而非"如图所示"**
>
> 不要说"如图所示"。要让受众聚焦于底层数据，而非数据可视化。表明公司业务有季节性的不是数据图，而是图背后的数据。如果你发现自己经常说"如图所示"，请试着强调数据的来源。比方说，"销售额趋势证明，公司业务具有季节性特征。"

## 2. 导引受众

导引受众指的是，向受众说明数据幻灯片上的每一个编码，见图8.3。这是高效数据演示的最重要步骤。许多演示者担心，事无巨细的导引是看低了受众。这种担忧会让你回避一个更可怕的真相：受众大概率听得不是很认真，或者干脆就没在听。哪怕他们和你共处一室，哪怕他们在盯着你，也不能保证他们在用心听。① 完整导引有助于受众理解数据图，进而认同你的结论。

虽然导引过多是有可能发生的，但导引不足才是压倒性的常态。要记住，由于知识诅咒的作用，你容易对受众的体验视而不见。你考虑图中数据的时间比受众长得多。要给他们消化处理的时间。

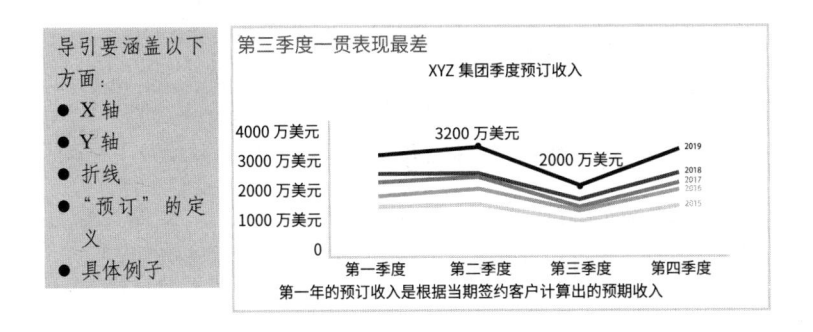

导引要涵盖以下方面：
- X 轴
- Y 轴
- 折线
- "预订"的定义
- 具体例子

第三季度一贯表现最差
XYZ 集团季度预订收入

第一年的预订收入是根据当期签约客户计算出的预期收入

图 8.3　示例幻灯片 3

来源：XYZ 公司财务部。

## 导引自查表

在导引环节，要考虑如何讲述和阐释数据图中的每一个元素。心里要有一张自查表，表中涵盖了图中的所有元素。如果数据图完备的话，这些元素应该都有方便查阅的标签。元素通常包括：

- x 轴；
- y 轴；

---

① 随便找个班主任，或者有自觉意识的学生问问就知道了。

- 变量在数据图中的各种编码形式，比如柱子的高度，以及类别、参考线、标签的形状和色调；
- 数据的筛选展示标准，比如"绩效排名前五的销售人员"；
- 加总值或计算过程，比如平均数、回归方程、比率算式；
- 得出图中各个要素用到的相关方法论或预设；
- 用于阐明数据的一个具体例子。

## 这张幻灯片的导引示例

要制作既简明扼要，又涵盖全部要素的导引，是需要练习的。表8.2是示例幻灯片的两个导引版本。前一个版本是直接照着幻灯片的元素念，后一个更加老练。

表8.2 导引示例

| 准备时间有限的情况下，可以直接按照图中的元素来讲述 | 如果准备时间比较多，那在导引过程中不一定非要把每个元素的名称念出来 |
|---|---|
| x轴是每年的各个季度。y轴是季度预订收入 | 图中展示了过去四年里每个季度的预订收入情况，最下面的一条线是2015年，最上面是2019年 |
| 预订收入指的是，该季度销售团队签下的所有订单预计将于次年产生的收入 | 预订收入指的是，该季度销售团队签下的所有订单预计将于次年产生的收入。比方说，一家新客户在一季度签了为期一年的合同，每个季度支付100万美元，那么，我们就在一季度的账上记这家客户预订收入400万美元 |

续 表

| 准备时间有限的情况下，可以直接按照图中的元素来讲述 | 如果准备时间比较多，那在导引过程中不一定非要把每个元素的名称念出来 |
|---|---|
| 最上面的一条线是最近的2019年，往下就依次往前。例如，2019年二季度的预订收入是3200万美元，三季度是2000万美元 | 2019年，二季度签单客户预计将在下一年产生3200万美元收入，三季度预订收入则只有2000万美元。过去五年里，每年三季度都会出现同样的下跌 |

### 导引方面最常见的误区是……

要么是导引时间太短，要么是完全跳过导引，不给受众理解数据图的时间，直接得出要点。

### 表明效果好的迹象是……

受众提问都在预料之内，而且切题。

受众提出偏题的问题，或者对结论提出意料之外的反驳，这都表明你需要强化导引。留意其他人做演示时没做好导引的情况，看这是如何让受众陷入迷惑，进而提出偏题评论的。

#### 当心：跳过导引会让受众晕头转向

人性的两个特征为数据演示制造了困难：

- 受众无法同时处理相互冲突的视觉和听觉信息；

- 演示者蒙受着知识的诅咒，回想不起自己不熟悉数据时的感受。

大脑处理听觉信息和视觉信息的通路不一样。作为视觉动物，大部分人会偏向视觉通路，当视觉信息与听觉信息发生冲突时，倾向于屏蔽听觉通路。如果受众的视觉系统还在解码数据图，但演示者已经接下去讲解幻灯片的意义了，冲突就会发生。在这种情况下，受众倾向于屏蔽听觉通路，于是就漏听了幻灯片要点。反过来看，当我们看到的图像与听到的话语相互匹配时，我们将这条信息纳入后续决策的能力会提高30%之多。[1]

从头到尾讲一遍幻灯片，有助于将受众接收的视觉和听觉信息匹配起来，也能逼着演示者与受众站到同一起点上。演示者要依次讲述幻灯片的每一个元素，仿佛自己也是第一次见到，或者之前只是简短看过似的。

---

[1] 这个观点提炼自理查德·迈耶（Richard Mayer）的多媒体学习理论。迈耶和同事们的实验常常会通过时间、空间或形式（口述与屏幕显示文字）将言语和视觉描述分开。在一次实验中，被试观看了一段讲述刹车和水泵工作原理的视频，然后听了一段相应主题的口头讲解。接着，受众被要求完成若干任务，目的是衡量他们对讲解的内化程度。研究者共进行了八次实验，视觉信息和口头信息的呈现方式各有不同，有的是同时给出，有的是先后给出。结果表明，视觉信息和口头信息同时呈现的信息留存率中位效应量为1.3。似乎没有任何实验重现这样的场景：发言者讲述一个过程的未来影响，同时受众还在努力用眼睛看懂过程本身。我们可以放心地认为，这样做的结果会很糟。参见 Richard E. Mayer and Roxana Moreno, "Nine Ways to Reduce Cognitive Load in Multimedia Learning," *Educational Psychologist* 38, no. 1 (2003): 43–52.

> **当心：一定要具体**
>
> 对人类来说，从具体细节推广到一般结论是容易的，而根据一般结论得出具体例子是困难的。[1]例如，如果你知道某个人下班后，办公桌上只留下一沓纸和一支笔，而且笔总是摆在纸的左侧中部位置，你可能就会认为，这个人大概很有条理。相比之下，如果你知道某个人有条理，然后要你描述这个人的办公桌是什么样子，那就难了。正因如此，具体的图像和想法更容易在记忆中存留。
>
> 要利用这一特性，在每张数据图中都要挑出一个数据点来具体描述，让受众了解背后的对比关系。在示例幻灯片中，二季度和三季度预订额的比较就服务于这一目的，并将受众的注意力集中在最近一年上。

## 3. 申明要点

要点是这批受众为什么需要理解这些数据的原因。它明确表示了数据呈现的内容。理想情况下，它是对数据图意义的简要说明。在文字和设计得当的幻灯片中，写上去的提要就是说出来的

---

[1] 这个概念体现了两点。第一，具体观念的力量。第二，我们抵触将统计归纳应用于具体案例。参见 Mark Sadoski et al., "Engaging Texts: Effects of Concreteness on Comprehensibility, Interest, and Recall in Four Text Types," *Journal of Educational Psychology* 92, no. 1 (January 2000): 85–95；Richard E. Nisbett and Eugene Borgida, "Attribution and the Psychology of Prediction," *Journal of Personality and Social Psychology* 32 (November 1975): 932–943。

要点。不要害怕照着念。

讲要点的时候，要努力让受众觉得："果然如此！数据明显就是这个意思。"

提问和讨论这些数据的地方就在要点之后。

## 这张幻灯片的要点示例

见图 8.4：

- 第三季度一贯表现最差；
- 业务具有季节性，三季度偏弱；
- 业务具有季节性，三季度一贯表现最差。

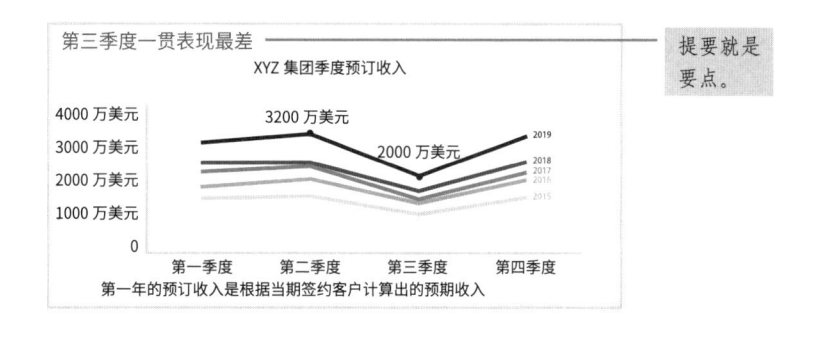

图 8.4　示例幻灯片 4

来源：XYZ 公司财务部。

## 要点方面最常见的误区是……

要点超出了幻灯片中的数据范围。在示例幻灯片中，如果你说"我们需要在第三季度加强促销",那就是超出了数据表示的范围。这张幻灯片只表明了一件事,那就是季节性特征存在。受众还需要其他信息,才能知道是否需要设法纠正,需要什么方法。①

### 表明效果好的迹象是……

受众赞同你给出的要点,直接开始讨论数据的意义与后续行动。

---

**当心:不要妄言"图中表明"**

不要说"图中表明",更不要说它的加强版"图中清楚地表明"。如果你一定要对受众说,他们能明白某件事,请考虑那件事是不是真的那么一目了然。如果你发现自己在这么说,要确保你表达的观点果真像你以为的那样清晰。

---

## 4. 过渡清晰

过渡句的作用是将当前幻灯片与下一张幻灯片连起来,应该

---

① 第五章讲过,受众有时会赞同超出幻灯片数据范围的结论。如果受众和演示者原本就对当下场景中的因果关系有共识,那种从数据跳到行动的做法就是有效的。如果一批受众认为季节波动是一个问题,而且促销是克服季节性下挫的最有效工具,那他们可能仅凭这条证据,就会同意加强第三季度促销。或许正式演示前就有过讨论,就后续步骤已经达成了共识。受众赞同你对数据的回应方略,原因未必就是这条证据有力支持了某条行动路线。很多因素都会影响受众的行动决策。

放在切幻灯片之前说。要记住，每次切幻灯片的时候，受众都会迎来一大波新信息。有效的转折能够缓解信息洪流带来的认知负荷。过渡标志着演示者要往下讲了，提示受众接收即将看到的新信息。

## 常用过渡句

任何逻辑连接语句都可以作为过渡句的基础。常用的过渡句包括：

- 时间变换：这是第三季度的成果。到了第四季度，我们发现……
- 流程步骤：分拣错误往往会在下一步造成更大的混乱，也就是装箱……
- 对另一个群体做同一种分析：重度用户使用产品的方式不同于轻度用户……
- 对同一个群体做另一种分析：新客和回头客可能在一天的同一时间下单，但购买的产品大不相同……
- 镜头拉近：第四季度的表现最好，但当我们看分月情况时，图形就是另一番模样了……
- 镜头拉远：我们在加州发现的销量表现不能反映整个西海岸……

## 这张幻灯片的过渡示例

见图8.5：

- 我们来看第三季度销售额为什么一贯最低；
- 为什么第三季度销售额总会下跌呢？
- 我们考虑了多种解决下跌问题的方法。

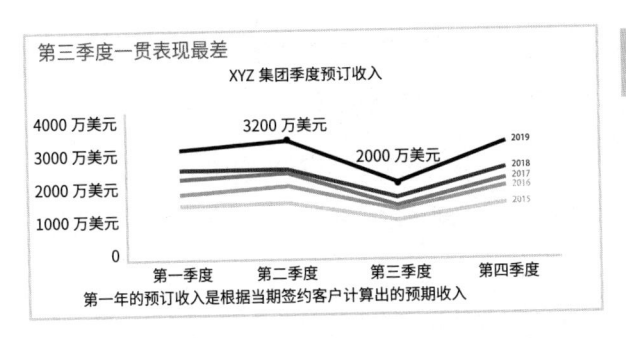

```
第三季度一贯表现最差
      XYZ 集团季度预订收入
4000万美元
3000万美元    3200万美元                    2019
2000万美元              2000万美元          2018
1000万美元                                  2017
                                           2016
   0                                       2015
     第一季度  第二季度  第三季度  第四季度
  第一年的预订收入是根据当期签约客户计算出的预期收入
```

过渡到下一张幻灯片。

图 8.5　示例幻灯片 5

来源：XYZ 公司财务部。

## 过渡方面最常见的误区是……

切到下一张幻灯片之前不做过渡，或者过渡不清晰。

## 表明效果好的迹象是……

受众提问为下一张幻灯片做好了铺垫。这表明你讲的故事清晰有逻辑。[1]

---

[1] 有人提出一个问题，你借着答疑的机会，自然切到下一张幻灯片，这也会带来情绪满足感。

> **当心：一张图当一张幻灯片来讲**
>
> 在适合采用多图幻灯片的场合，要把每张数据图当作一张幻灯片。每张图都要做充分的导引，说明要点，然后过渡到下一张图。导引过程中，不要在两张图之间来回横跳。如果是用电子演示文稿的话，可以考虑给每张图加上动画效果，等你做完第一张图的导引，说完要点之后，再显示第二张图。如果两张图有联系，要明确第二张图里的哪些元素也在第一张图里出现了。例如，"右图展示了与左图相同时间段内的营收情况，但是按照区域划分，而非产品……"

# 练习高阶技巧

## 不要语出惊人

你可能会很想向受众抛出意料之外的观点，尤其是在分析就是你自己做的情况下。你有过吃惊的时刻，自然也想与受众分享激动之情。要记住，你之所以感到激动，部分原因就是它证明你对数据进行了有效分析，并从中得出洞见。不要剥夺受众自己体会那份激动的机会。慢下来，让受众有时间经历解读数据，得出和你相同的结论的过程。

如果演示者剥夺了受众的发现机会，直接告知结果，那可能就会触发受众的一种本能，即反驳任何不是亲自得出的观点或结论。抛出惊人发现的另一个危险是，你可能在受众没有完全想清楚之前就往下讲了。很少有受众会大胆举手说："抱歉。我知道这是一张简单的折线图，我在公司也工作五年了，但我还是不完全明白预订的概念。"相反，他们会质疑你的其他结论。

如果提要清晰，导引充分，分析完备的话，那你就可以暗暗自豪了。你知道，凭借优秀的分析、高效的幻灯片设计、清晰的导引，你让受众得出正确的结论。

## 选好切入点

TOP-T框架看上去违背了写作课上，乃至本书其他地方的一条建议——开门见山。就演示汇报的全局而言，开门见山是良训，但并不适合单张数据幻灯片。

在做全篇概述时，要运用明托金字塔给出的结构。先介绍演示的整体逻辑，然后到每一节的时候，要先讲这一节的逻辑。

在讲呈现证据的幻灯片时，要先让受众充分理解数据，然后你再分享要点。要让大家有时间消化数据，亲自确认数据支持你先前分享的结论。

有些时候，每张幻灯片从要点讲起是适当的。有些受众可能会要求这样做。[1] 如果受众要求，那就照做。更一般地讲，当受

---

[1] 我刚步入职场时，老板处理视觉信息的速度惊人。我认为她见过且内化了能想象到的每一种商业数据的分析和呈现方式。与她沟通的最好方式，就是把打印好的演示文稿给她，带着敬畏心，静坐几分钟，然后惊叹于她竟然能在30页的分析报告中精准发现最薄弱的假设。

众满足以下四个条件时，就应该从要点讲起：

- 受众熟悉你采用的特定数据图类型；
- 受众熟悉你采用的分析方式（通常是因为他们经常看到）；
- 受众信任数据来源；
- 受众相信你是值得信赖的。

## 考虑无声导引

如果数据图设计得特别好，受众也熟悉数据，那可以考虑无声导引。你不用专门说话导引，而是过渡结束后，心里慢慢数到五，然后给出要点。这是一种高级技法，既需要幻灯片设计完美无瑕，也需要演示者有非凡的自律性。只有在完全满足以下条件时，才可以考虑这种高级技法：

- 数据图设计优良，要点清晰突出；
- 图中的所有数据选项都在幻灯片内做了解释；
- 字体大小和数据密度匹配环境——例如，从会议室最后一排也能看见幻灯片上的所有要素；
- 每一名受众都熟悉所用的数据图类型。

# 第八章 数据呈现：巧做准备

## 本章关键概念

运用 TOP-T 框架，减轻受众的认知负荷，让演示更加清晰，也能让你少花时间准备。数据图演示自查表详见表 8.3。

表 8.3　数据图演示自查表

| 你是否做到 | 检查 TOP-T 大纲 |
| --- | --- |
| 说明了幻灯片的话题？ | ● 话题是否与数据图的标题匹配？ |
| 导引受众观看了图中的每一个元素？ | ● 你是否解释了 x 轴和 y 轴？<br>● 你是否解释了图中的所有编码？<br>● 你是否解释了受众中可能有人不熟悉的术语或缩写？<br>● 你是否解释了数据筛选标准？<br>● 你是否解释了计算过程和假设？<br>● 你是否解释了分析方法？<br>● 你是否举出了一个具体例子，以便让受众更明白自己看到的内容？ |
| 给出了幻灯片的要点？ | ● 提要与幻灯片要点一致吗？<br>● 导引结束后，你是否清晰说出了要点？ |
| 过渡到了下一张幻灯片？ | ● 你有没有说明本张幻灯片要点与下一张幻灯片的联系？<br>● 你有没有将下一张幻灯片的话题嵌入过渡句？<br>● 你有没有在切到下一张幻灯片前做好过渡？ |

## 就算别的都记不住……

数据自己不会说话，必须由你让它说话。

导引，导引，还是导引。

不要语出惊人。说完要点后，受众应当觉得："果然如此！数据明显就是这个意思。"

哪怕他们和你共处一室，哪怕他们在盯着你，那也不能保证他们在用心听。

## 📖 习题：练习做演示

下面是几张幻灯片，你的团队刚刚交给你其中一张，而你要用五分钟向高管做演示。请完成以下几件事：

- 写下话题；
- 圈出你在导引环节准备向受众介绍的所有元素；
- 判断提要适不适合充当要点，如果不适合的话，请重写要点；
- 设想出下一张幻灯片（内容可以任选），写出相应的过渡。

然后假想自己完全认可幻灯片的设计，在此基础上做演示。要记住，在现实生活中，你未必总有时间打磨完美的幻灯片。你要趁此机会练习如何自信地做演示。演示时缺乏信心，有可能会让人觉得你对分析缺乏信心。要锻炼如何通过自信的演示来表现你对分析有信心。

为了提高得更快，你可以自己录音后回放。回答以下问题，

确保你的演示是清晰的:

1. 你的话题是否清晰?
2. 你导引了哪些元素?漏掉了哪些元素?哪些词语或选择应当做进一步解释?
3. 怎样能将要点陈述得更清晰?
4. 怎样更好地向下一张幻灯片过渡?

将你的选择与幻灯片后的讲稿示例作对比。注意讲稿示例中的哪些地方是你欣赏的,哪些地方是可以改进的。幻灯片不止有一种演示方法。要观察他人的选择,借此培养鉴别意识。

## 练习幻灯片 1

假定图 8.6 中幻灯片的受众是一家总部位于新英格兰公司的厂区负责人,公司在该区域设有多个体量相当的厂区。

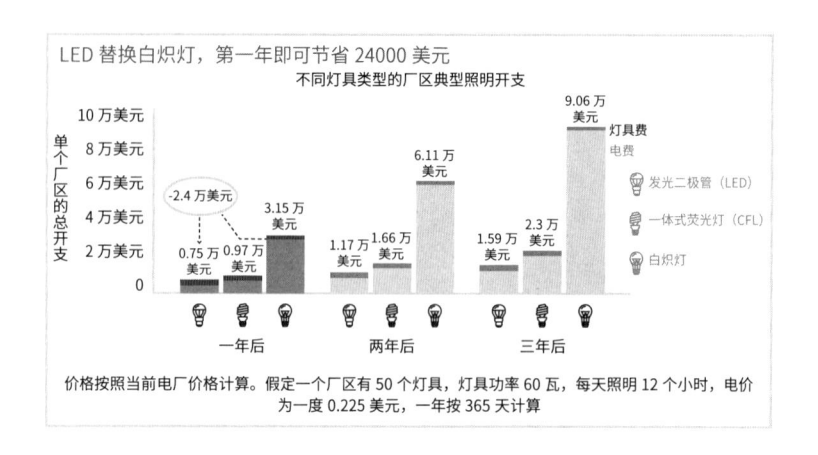

```
LED 替换白炽灯，第一年即可节省 24000 美元
              不同灯具类型的厂区典型照明开支
```

图 8.6　练习幻灯片 1

来源：美国劳工统计局—新英格兰分局。

## 练习幻灯片 2

假定现在是 2018 年，你在一家向美军提供服务的公司讲图 8.7 所示的幻灯片。

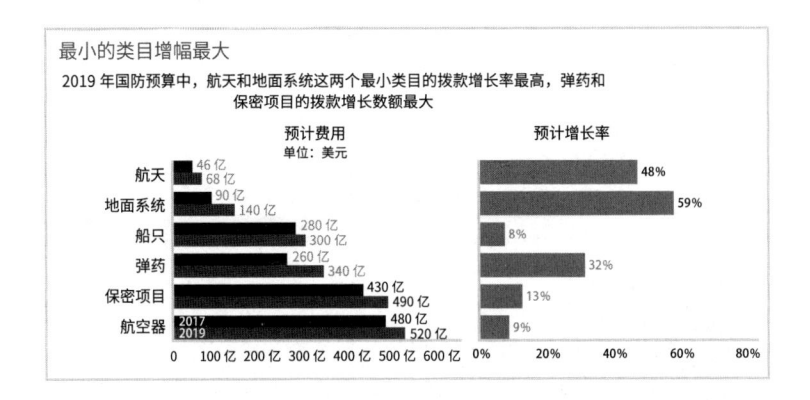

```
最小的类目增幅最大
2019 年国防预算中，航天和地面系统这两个最小类目的拨款增长率最高，弹药和
                   保密项目的拨款增长数额最大
                            预计费用                  预计增长率
                            单位：美元
         航天    46 亿                                              48%
                 68 亿
      地面系统    90 亿                                                    59%
                       140 亿
         船只              280 亿              8%
                         300 亿
         弹药            260 亿                       32%
                         340 亿
      保密项目                  430 亿             13%
                              490 亿
        航空器  2017         480 亿            9%
                2019          520 亿
                0  100亿 200亿 300亿 400亿 500亿 600亿   0%    20%    40%   60%   80%
```

图 8.7　练习幻灯片 2

来源：Doug Cameron, "Budget Deal Likely to Deliver Hefty Business to Defense Companies," *Wall Street Journal*, February 17, 2018, Web edition.

## 练习幻灯片 3

在底层数据复杂，而且复杂关系对你讲的要点至关重要的情况下，就要用复杂的数据图。

图 8.8 有一个重要术语，收入客公里（RPK）。这是航空公司活动的一个指标，等于航班旅客运输量（收入客）乘以航班距离。比方说，一家航空公司只运营一个航班，航线长 1000 公里，输送旅客 100 人，那么，RPK 就是 10 万（1 个航班 ×1000 公里 ×100 名旅客）。另一家航空公司的航线长 2000 公里，输送旅客 200 人，RPK 就是 40 万（1 个航班 ×2000 公里 ×100 名旅客）。

假定现在是 2015 年，你要演示这张幻灯片，锻炼充分导引的自律意识，向受众介绍幻灯片中的每一个要素和计算过程。

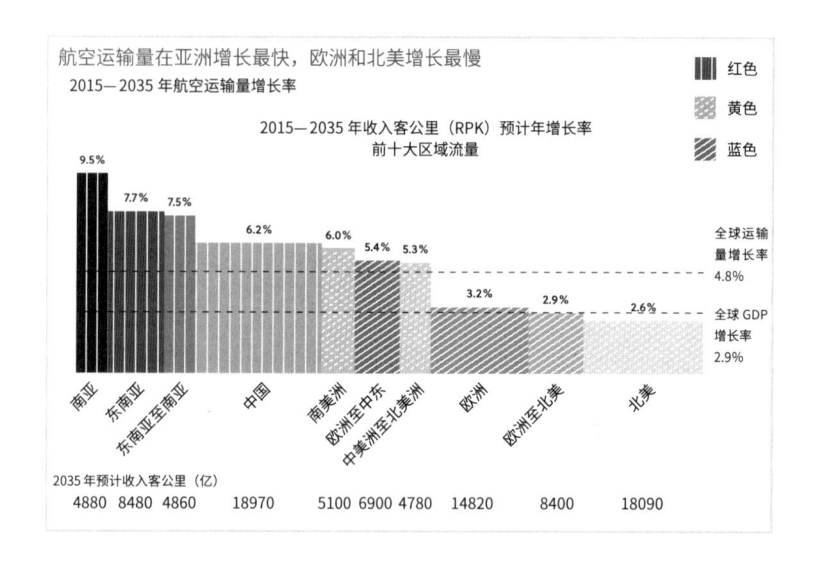

图 8.8　练习幻灯片 3

来源：《波音市场前景报告（2015—2035）》。翻印获得了 Insightsoftware 授权。

## 讲稿示例

表 8.4—表 8.6 是练习幻灯片 1 到练习幻灯片 3 的讲稿示例，供读者参考。

表 8.4　讲稿示例 1

| 练习幻灯片 1 | |
| --- | --- |
| 话题 | 改用 LED 灯能够节约大量资金 |
| 导引 | 图中展示了 LED、CFL 和白炽灯使用一年、两年、三年的厂房照明开支。照明开支的前两个分量是灯具费和电费。每一期的照明总开支为两项之和。仅在第一年…… |
| 要点 | ……如果我们从白炽灯改为 LED，即便考虑到灯具成本，每个厂区平均也能节约 24000 美元 |
| 过渡 | 就算把更换灯具的人力成本核算在内，节约资金量依然可观…… |

表 8.5　讲稿示例 2

| 练习幻灯片 2 | |
| --- | --- |
| 第一张图（左图） | |
| 话题 | 我们来看美军的预算变化 |
| 导引 | 左图按类目比较了美军 2017 年的开支与 2019 年的预计开支，后者基于美国国会最新通过的预算法案计算得出。例如，规模最大的类目是航空器，最新预算案中的开支从 480 亿美元增至 520 亿美元 |
| 要点 | 国会批准增加了各大类目的开支…… |
| 过渡 | 但增加额度并非均一（转向第二张图） |
| 第二张图（右图） | |
| 话题 | 一些类目的增长率高得多 |
| 导引 | 右图显示了每个类目的开支增长率。军方航天类目预算增长了 48% |

续　表

| 练习幻灯片 2 | |
|---|---|
| 要点 | 规模最小的两个类目是航天和地面系统,增长速度比大类目快得多 |
| 过渡 | 对本行业来说,这意味着我们需要调整资源分配 |

表 8.6　讲稿示例 3

| 练习幻灯片 3 | |
|---|---|
| 话题 | 图中展示了我们对未来二十年的航空运输量增长情况的预计 |
| 导引 | 在这张幻灯片中,x 轴是现有市场规模,y 轴是预计增长率 |
| | x 轴市场规模的衡量指标是收入客公里,简称 RPK。这是民航业内主要的航空运输量指标。一名旅客飞行一公里,就是一个 RPK。航空公司增加 RPK 的手段包括:增加单次航班输送的旅客人数、增加航班、增加里程 |
| | 每个区域的宽度代表 2015 年该区域的 RPK |
| | 高度代表该区域到 2035 年的预计增长率 |
| | 因此,面积就等于该区域在 2035 年的 RPK,数字显示在对应区域的下方 |
| | 作为对比,同期全球 GDP 增长率为 2.9%,航空运输量增长率为 4.8%。亚洲各区域用红色表示,欧美用黄色和蓝色表示…… |
| 要点 | 我们预计,虽然北美和欧洲市场目前规模较大,但行业增量将主要来自亚洲 |
| 过渡 | 增长的推手包括增加航线和改用更大的客机 |

第九章

# 准备回应反对意见

因为反对意味着重视

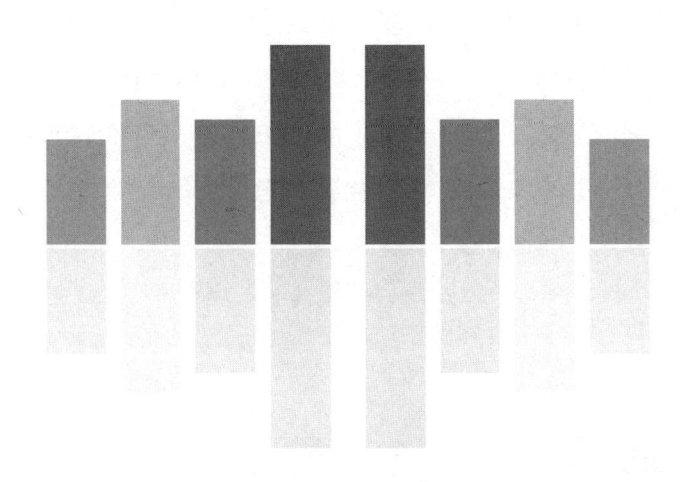

> 加权随机数生成器刚刚又生成了一批数字。

> 那就用这些来讲故事吧！

体育评论皆如此

每名沟通者终究都会遇到受众的反对，本章讲解如何预判你可能遇到的反对种类，如何做好相应的准备。本章会告诉你，理解变化的本质有助于预测受众行为。此外，本章还介绍了受众混淆矩阵，以便你能准备好相应的回答。本章的最后一节给出了若干化解棘手场面的策略。在本章习题中，读者可以预测受众对不同场景的反应，并考虑适当的应对方法。

# 反对有建设性意义

受众之所以会质疑沟通者，是因为他们接受的教育就是如此。几乎所有学科的高等教育都会培养批判性评估他人数据和论证的能力。在职场中，展现出这种技能的人会获得实质性奖励。当这种奖励支撑着一种追求高质量决策的文化时，人们就会觉得奖励是理所应得的。而当这种奖励提拔了专门拆台、抗拒积极变化、通过展现智力优越感来贬损他人的人时，人们就会觉得奖励不公平。

这种恶劣环境——无论是真实的，还是想象出来的——常常会让沟通者担心受众反对自己的分析。沟通者相信，提问少代表讲得好，数据多能减少受众的反对意见。于是，他们堆砌图表，添加不必要的细节，目的是让自己免遭挑战。他们误以为，没有人反对就意味着大家赞同他们的结论。不要陷入这种误区，反对意味着重视。能确认受众认真听的方法不多，这就是其中一种。

要调整心态，将受众的反对视为独特的机遇，受众的专注力可资利用。本章介绍受众混淆矩阵，帮助你预料受众会对你的分析做出何种反应，你又能如何将反对转化为提升自身可信度的机会。如果受众感觉沟通者倾听并解决了自己的顾虑，那就会更认同你的结论。

另外,如果你做得好,大家会认为你非常聪明。

# 反对是可以预测的

要想理解受众会对描述既有现象或预测未来现象的分析做出什么反应,你就必须明白受众经历了怎样的变化,面对新信息又会做出什么反应。下面给出了两条简单的准则,帮助你评估受众可能会对你的分析做出什么反应:

1. 比率变化比数值变化更容易引发反应;
2. 内在预期变化比外部世界变化更容易引起反应。

## 比率变化比数值变化更容易引发反应

人们会对变化做出反应。没有变化就不可能有反应。因此,要理解受众的反应,你就必须明白什么是变化。相比于一个现象的数值变化,人们对比率变化做出反应的可能性要大得多。

我们来看图 9.1 的例子,其中用到了最常见的比率之一:增长率。假设现在是第 3 年。如果"不变"的话,第 4 年的销售额会是什么样?

**增长率恒定看上去是不变**

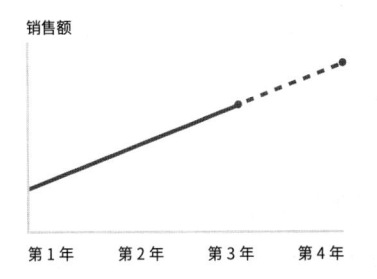

销售额 / 第1年 第2年 第3年 第4年

**增长率改变看上去是有了变化**

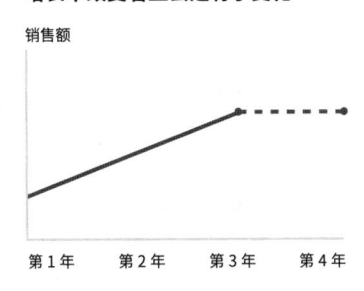

销售额 / 第1年 第2年 第3年 第4年

> （左图）如果销售额保持**同样的增长率**，受众不会感觉到有变化。
> （右图）如果销售额保持**同样的数值**，受众会感觉到有**巨大变化**。

图 9.1 示例 1

如果销售额在第 4 年保持增长率不变，那你不会感觉发生了本质变化。虽然销售额增长可能涉及多雇人手或调整流程，但你可能会觉得公司的基本状况没有变化。

与销售额在第 3 年和第 4 年持平的情况对比一下。在这种情况下，测量值不变，第 3 年和第 4 年是一样的。但是，受众会感觉到公司发生了重大变化。如果 CEO 告诉董事会，因为第 3 年到第 4 年销售额保持不变，所以"没有变化"，那他都应该准备好马上被开除了。因为受众会对比率变化做出反应，而非数值变化。

因为时间序列图体现的是随时间变化的情况，所以比率变化是一目了然。要想察觉对单次测量值的变化，你就必须用比率形式来表达，从而体现背后的实际变化。

例如，图 9.2 中的例子，一场地方试点活动只吸引到 235 名顾客，营销团队努力将活动在全国铺开，结果引来了 2300 名顾客。这感觉上是一场巨大胜利。然而，实际成绩取决于比率，而非绝对值。用比率来表达的话，我们就更容易分辨全国铺开与地方试点的成效是真有变化，还是单纯的规模放大。如果试点活动的潜在顾客数为 1 万人，全国活动为 10 万人——那么，两者的表现就是不相上下。试点活动将 2.35% 的潜在顾客转化为实际顾客，全国活动的转化率是 2.30%。考虑到适当的误差，全国宣传的效果与小规模试点并无区别。用比率来表示的话，这就是显而易见了。如果不明显的话，受众要么会明确要求你说明比率变化，要么会暗自察觉到你的分析有漏洞。

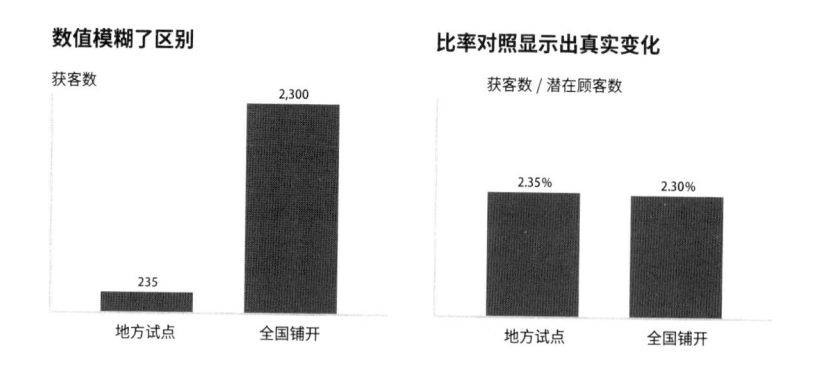

**数值模糊了区别**　　　　**比率对照显示出真实变化**

获客数　　　　　　　　　　获客数 / 潜在顾客数

　　　　　　2,300　　　　　2.35%　　2.30%

235

地方试点　全国铺开　　　　地方试点　全国铺开

（左图）用数值来衡量，全国铺开的效果优于试点。
（右图）用比率来衡量，全国铺开的效果与试点预测的效果几乎是一致的。

图 9.2　示例 2

明白了受众会对比率变化做出反应,你就能明白受众会对你的分析作何反应。对于描述比率变化的数据,你在准备时要格外小心,因为受众对这种变化的反应更强烈。在这种情况下,受众更容易对数据、分析和分析者提出疑问。

> **当心:噪声会淹没真实变化**
>
> 一般来说,不要向非专业受众展示统计不显著的区别。大多数非专业受众对统计显著性没有直观认识,倾向于将每一个测量值都当作精确值,而非概率区间。另外,除非他们系统性学过统计,形成了可靠的统计直觉,否则往往会将微小差别解读为重大差异。学界在尝试开发比误差棒更直观的不确定性可视化手段[1],但目前均未有广泛应用。
>
> 专业受众倾向于做出相反的反应。对每一条比较的统计显著性提出疑问,这是质疑分析和报告人的一种简单方法。如果你有任何指标不标明误差棒和统计显著性检验结果,那就准备好接受专业受众的质问吧。对专业受众作报告时,一定要清楚哪些指标是显著的,而且要用受众习惯的形式表现置信区间。

---

[1] 关于不确定性研究现状的总体介绍,可以去听杰西卡·胡尔曼(Jessica Hullman)和马修·凯(Matthew Kay)在《数据故事》(*Data Stories*)播客频道的访谈,并查阅笔记中列出的参考资料。没错,这个播客完全是讲数据图的,做得非常好。Enrico Bertini and Moritz Stefaner, hosts, "Visualizing Uncertainty with Jessica Hullman and Matthew Kay," *DataStories* (podcast), January 19, 2019, https://datastori.es/134-visualizing-uncertainty-with-jessica-hullman-and-matthew-kay/.

# 内在预期变化比外部世界变化更容易引起反应

相比于证实自己先前想法的信息，人们会对挑战自身世界观的信息做出更强烈的反应。心智模型概念与证真偏误有助于解释这种反应。

心智模型是对世界的简化认识，每个人的脑子里都有。大脑用这种模型来解释为什么特定的原因会产生特定的结果，预测未来可能会发生什么。

第六章讲过，证真偏误的意思是，我们倾向于轻视那些挑战既有信念的证据，偏爱支持既有信念的证据。证真偏误与心智模型结合起来，就会让人聚焦于强化既有心智模型的信息，轻视挑战既有心智模型的信息。心智模型差异与证真偏误有助于解释为什么两个人接收到的信息完全相同，但依然对信息的意义得出不同结论。

因此，对于与自身原有心智模型相冲突的结论，人的抗拒心理要强得多。这些结论不只是为受众的知识库添加了信息，更是要求受众改变自己的世界观——哪怕没有证真偏误的压力，这也是一道难以迈过的坎。当你的发现与受众心智模型相冲突时，要预料到受众会做出严重得多的责难。

# 用受众混淆矩阵预测反对意见

受众混淆矩阵是一个 $2 \times 2$ 的矩阵，体现了受众对变化的感知和原有预期。借助这个模型，你可以预测受众会提出什么反驳，并做出更有效的应对。它得名于混淆矩阵——这是机器学习中使用的一种分析工具[①]——因为两者都是用 2×2 矩阵的形式来比较预期和现实。

**受众混淆矩阵要回答两个问题：**

1. 这批受众是否预期某种现象会发生比率变化？
2. 这批受众是否观测到某种现象会发生比率变化？

受众混淆矩阵的每个象限都描述了一种数据预期与数据观测的组合。本节会按照从最认同到最抗拒的顺序，依次讲述受众在每种情况下的可能反应，并说明各自需要的准备工作。

---

① 在机器学习领域，混淆矩阵通常用于评估分类算法的表现。这种算法是将观察归入预定的类别，一个例子就是判断一张图片里是不是狗的视频。混淆矩阵是比较算法的分类预测与正确分类。结果体现在四个象限中：真阳性、真阴性、假阳性、假阴性。分析者可以用它来评估模型有没有把元素放错位置，从而"混淆"了类别，故有此名。

**受众混淆矩阵**

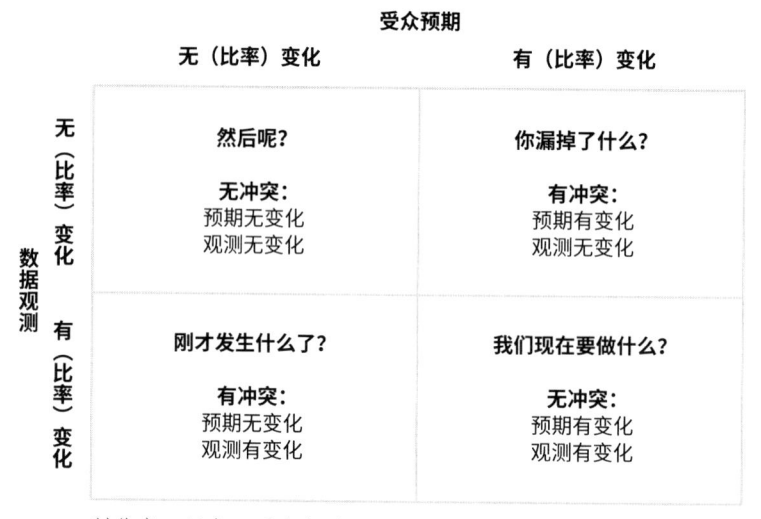

|  | 受众预期 无（比率）变化 | 受众预期 有（比率）变化 |
|---|---|---|
| **数据观测 无（比率）变化** | 然后呢？<br><br>无冲突：<br>预期无变化<br>观测无变化 | 你漏掉了什么？<br><br>有冲突：<br>预期有变化<br>观测无变化 |
| **数据观测 有（比率）变化** | 刚才发生什么了？<br><br>有冲突：<br>预期无变化<br>观测有变化 | 我们现在要做什么？<br><br>无冲突：<br>预期有变化<br>观测有变化 |

制作者：罗宾·贾内克（Robin Ganek）和米罗·卡扎科夫。

## 1. 然后呢？（预期无变化，观测无变化）

这是受众没预期有变化，也没有变化发生的情况，反对意见不会多，因为受众预期和观测到的数据没有冲突。这种情况往往既不会被注意到，也不会被讨论。当你看着一个所有参数保持不变的仪表盘时，你就属于这种场景。这种情况简单直白。受众的目标是尽快进入下一个话题。

假如你需要介绍这种结果的话，不要过分复杂，要简明扼要。考虑能不能用电子邮件代替当面陈述。焦点应该几乎完全放在下一步，或者对未来行动的启示上。

## 第九章 准备回应反对意见：因为反对意味着重视

### "然后呢？"情境的例子

- 3%的用户上周提出了投诉，公司要求客诉率保持在4%以下；
- 生产服务器还是宕机，就像30分钟以前说的那样，团队正在处理，下午两点再报告进度；
- 我们本月又邀请了1000人参加封闭贝塔测试，和之前八个月的情况一样，首周注册率约为40%；
- 我们进行了半年度检查，看是否需要调整生产设备。不需要举行重大调整。

|  | 受众预期 | |
|---|---|---|
|  | 无（比率）变化 | 有（比率）变化 |
| **数据观测** 无（比率）变化 | **然后呢？**<br>我们做了同样的事<br>也得到了相同的结果<br><br>**无冲突：**<br>预期无变化<br>观测无变化 |  |
| 有（比率）变化 |  |  |

### 要做哪些准备？

受众提出的问题很少。如果话题有值得讨论的地方，那大概率是询问后续步骤或者对未来行动的启示。有人可能会问数据来源或分析方法，这是尽职调查的一种形式。

**不要做哪些事？**

细节太多，或者讲的时间太长。当你长时间解读简单情形时，受众会认为实际情况比看上去更复杂，从而产生不必要的、没有建设性的细究。哪怕分析用了很长时间，费了很多精力，你也要聚焦于证实受众的预期无变化，然后继续往下讲。

## 2. 我们现在要做什么？（预期有变化，观测有变化）

在这种情况下，受众预期有变化发生，而且确实有变化。受众会比"然后呢"场景下更专注，但不会像后面两种情况下抵触。在变化发生前做出正确预判，这是高效组织的难得表现，需要对未来有敏锐的洞察力。哪怕变化是负面的，受众也能以"我早就料到了"自慰。

在这种情况下，讨论要围绕未来展开。让受众决定是要重点讨论数据，还是直接进入行动规划。

**"我们现在要做什么？"情境的例子**

- 为了减轻供应链中断的影响，我们在世界各地配置了备用产能。由于全球传染病大流行，政府封闭了我们的一个主要制造中心的边境。

- 哈达萨（Hadassah）刚生完孩子，母子平安。她休产假期间，报道计划就由你负责。
- 开学当天会有大约3万辆车进出校园，相当于日常车流量的十倍。

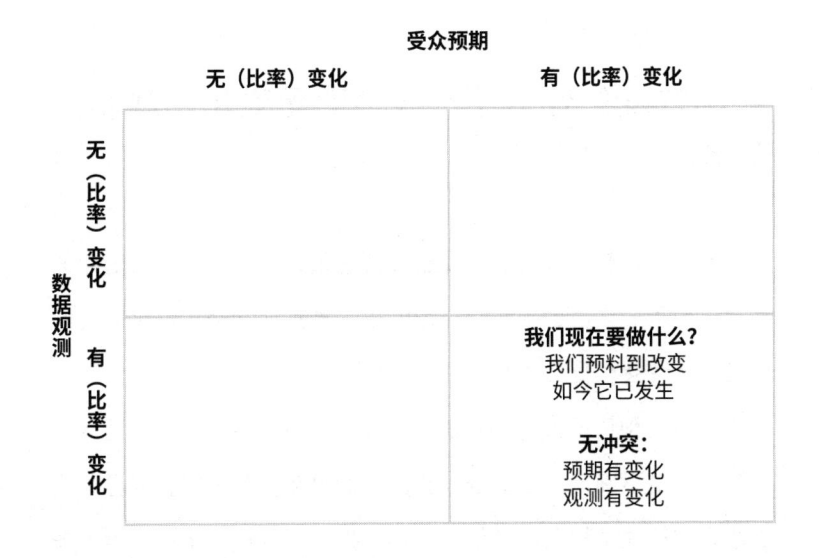

|  | 受众预期 |  |
|---|---|---|
|  | 无（比率）变化 | 有（比率）变化 |
| 数据观测 无（比率）变化 |  |  |
| 数据观测 有（比率）变化 |  | **我们现在要做什么？**<br>我们预料到改变<br>如今它已发生<br><br>**无冲突：**<br>预期有变化<br>观测有变化 |

## 要做哪些准备？

如果变化是正面的，受众会立即开始讨论后续步骤。要认真考虑应对变化的具体行动，聚焦于指导受众做出必要决策的数据。要准备按照实际需求，针对行动方案的具体元素来提供数据，而不要一股脑儿端出来。

如果受众感到紧张，可以花一点儿时间提醒大家，变化是意料之中的。如果变化是正面的，要准备好利用这一独特机遇的方案。

**不要做哪些事？**

如果受众想要讨论操作方案的话，不要花大量时间介绍数据。

## 3. 刚才发生什么了？（预期无变化，观测有变化）

意外变化有时会发生。在这种情况下，受众以为不会变化的事情出现了变化。这是我们讨论的第一种预期与现实发生冲突的情况。冲突会在受众身上引发更强的抵触。

遇到这种情况要行动迅速。对于"刚才发生什么"，受众的主流反应是不确定。哪怕是惊喜，人们也会感到不安。要尽可能快速且详细地了解发生了什么。你要把时间分成两半，一半用来向受众解释发生的事情，一半用来讨论接下来如何利用变化或减轻损失。

**"刚才发生什么了？"情境的例子**

- 一个知名 Instagram 博主刚发了一个视频，盛赞我们的产品。视频播放量已经超过 1 亿次了。
- 我们的总厂刚刚遭受了几十年来最严重的雪灾。好在没有人受伤,但厂房损毁了。
- 我们最大的潜在客户刚刚让我们提交商业计划书,尽管他们六个月前才刚刚与我们的竞争对手续签了合同。

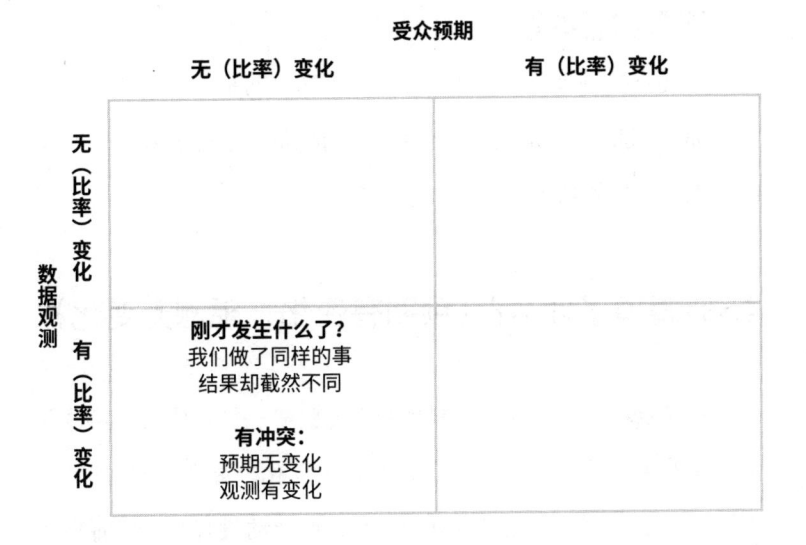

|  | 受众预期 | |
|---|---|---|
| **数据观测** | **无(比率)变化** | **有(比率)变化** |
| **无(比率)变化** |  |  |
| **有(比率)变化** | 刚才发生什么了?<br>我们做了同样的事<br>结果却截然不同<br><br>**有冲突:**<br>预期无变化<br>观测有变化 |  |

## 要做哪些准备?

受众想要采取行动,而且可能对如何行动有强烈分歧。

要给受众一套包含后续步骤的方案。哪怕方案是粗糙的,也能为受众提供一个思考的焦点。相比于从无到有地创制方案,受众更容易对方案做出回应——哪怕方案有严重缺陷。

要专注于解释发生了什么,但也要准备好解释数据意味着组织应该采取什么行动。因为这种变化往往是外部冲击，而非内部行动的结果，所以受众不会像下一个场景中那样轻易问责。不作为比作为更难指摘，除非不作为代表着失职。尽管如此，可能有人会问组织为什么没有预料到变化，未来如何为类似情况做好准备，你应该准备好回答这些问题。

**不要做哪些事？**

不要直接进入分析。要站在受众一边，与他们感同身受——不论是积极的，还是消极的情感——帮助他们先处理好惊讶情绪，然后再接触数据。

## 4. 你漏掉了什么？（预期有变化，观测无变化）

在这种情况下，受众预料到会有变化——往往认为是某种行为会带来的结果——但实际上没有发生变化。最常见的情况是，有人采取了一项旨在造成变化的行动，而行动没有产生任何显著影响。因为行动是需要时间和/或金钱的，所以在这种情况下，受众会发现资源被浪费了，他们的心智模型被打破了。

发现这一点会带来强烈的不适感，于是，这种情况是四种情况里最具挑战性的一种。它既表明受众的世界观存在缺陷，也表明受众无力改变。

面对伴随上述结果的不适感，受众常常会针对沟通者。受众可能会有目的地解读数据——有意或无意——归咎于人或推脱责任。

这种情况需要的准备时间最多。要准备更详细地说明数据来源和分析过程。如果你不能解释受众预料的变化为何没有发生，那就要准备好一套方案，目的是收集能够解释预期与现实差距的数据。

## "你漏掉了什么？"情境的例子

- 我们进行了为期一个月的实验，比较30天免费试用与14天免费试用的效果。我们预期30天免费试用的表现会更好。结果两者并无统计显著的差别：30天组和14天组的订购率都是5%。
- 去年，西部地区的营销预算增加了近4500万美元，比其他区域多了30%，但各个地区的销售额增长率相同。
- 过去20年间，我们招募的初级经理男女比例大致相等，但提拔到高管层的经理有85%都是男性。
- 你先前说，夏天大家都去度假了，我们可以歇一歇，但我们现在和平常一样忙。

|  | 受众预期 | |
|---|---|---|
|  | 无（比率）变化 | 有（比率）变化 |
| 数据观测 — 无（比率）变化 |  | **你漏掉了什么？**<br>我们做了一些新的事情<br>什么都没变<br><br>**有冲突：**<br>预期有变化<br>观测无变化 |
| 数据观测 — 有（比率）变化 |  |  |

## 要做哪些准备？

受众会对数据、分析和决策提出疑问，还会提出很多以"你有没有考虑过……"开头的问题，强烈暗示你本来应该考虑到。

要提醒受众，当初做决策时有哪些事情是已知的，推理过程是怎样的。如果是测试或试点的话，要反复提醒受众，这就是测试的意义所在。即便没有发现变化，也不意味着没有收获。要讨论学到的教训，哪怕是意外获得的教训。

## 不要做哪些事？

受众质疑时，不要混淆视听，也不要开启自卫模式。受众想要马上获得一个解释，说明为什么行动没有引发反响。最简单的解释是，别人犯了错。

当受众还在问责的时候，不要提出揣测。在这种情况下，揣测会让受众聚焦于评判你的思维过程，而非收集能让组织吸取教训的信息。要将受众的注意力集中到你的信息收集计划的完备性上，并解释这些新信息会如何打消他们的疑惑。

不要低估这种情况对受众造成的沮丧情绪。你当初审视发现时很可能也经历过沮丧和困惑，但因为你有更长的时间去理解和接纳，所以你可能忘记了当时的感受。要记住，受众正在经历类似的情绪。

### 当心：预期变化快

因为受众的反应取决于预期，所以预期变化有多快，反应变化就有多快。当一批受众刚得知一场营销活动不奏效时，他们可能会感到意外，但到了会开完的时候，他们可能就以为是意料之中了。知识诅咒能够以惊人的速度洗刷受众对自身预期的记忆。要准备好看到受众从大吃一惊迅速转变成"我早就知道不行"。

> **当心：幅度和方向是重要的**
>
> 与所有心智模型一样，框架对现实进行了简化，使其更加清晰。受众混淆矩阵将受众的反应和数据简化为有变化和没有变化二选一。在现实中，变化的幅度和方向都会影响受众反应的强度。
>
> 很少有数据会全无变化。随机波动本身就会造成数据的一定变化。受众的反应与变化幅度成正比。如果人手增加了20%，那么，产出增加10%引发的担忧和增加0%就不是一个量级，尽管两种情况都表明投资没有带来成比例的变化。
>
> 同理，变化方向也会影响受众的反应。当受众预期一个指标会变差，但实际保持不变时，受众可能会松一口气，虽然决策失误和吸取教训的机会并不亚于相反的情况。这就体现了设定预期的力量和重要性。随着水平的精深，你对受众混淆矩阵的心智模型也会加入上述维度，从而变得更加复杂。

## 用受众混淆矩阵来制定沟通方案

沟通是一个持续的过程。假设你要在一次会议上介绍自己的分析，那你可以借助受众混淆矩阵来思考以下几件事：会前打招呼，会上的沟通铺垫，介绍发现，解释后续步骤，见表9.1。

第九章 准备回应反对意见：因为反对意味着重视

表 9.1 沟通方案的步骤

| | 会前打招呼 | 沟通铺垫 | 介绍发现 | 解释后续步骤 |
|---|---|---|---|---|
| 然后呢? | 不需要 | 会议时间可能不长 | 要简短清晰 | 适当情况下，可以介绍未来计划或讨论风险 |
| 我们现在要做什么? | 如果受众对意料之中的行动的计划没有明确的变化，要争取受众对后续步骤的认可 | 这件事在我的意料之中。现在，我想要聚焦于怎么办。我介绍数据可能要一点时间，看大家的意愿 | 快速讲完数据，直接进入后续步骤，除非方向与预期相反 | 给出针对预料中的变化的方案 |
| 刚才发生什么了? | 要让关键利益相关方认可后续步骤。对数据进行宏观层面的讨论 | 这件事我们都没有预料到的。我也很[激动/失望/担忧] | 将时间分成两部分。一半讲数据，一半讲后续步骤。要留足时间评述发生的变化，重点放在解释因果关系上 | 给出行动方案，目的是利用变化或减少损失。讨论围绕行动展开 |
| 你漏掉了什么? | 要抓关键利益相关方认可数据。讨论结论，并在获取反馈后留出时间做进一步评述 | 我也感到失望/惊讶。我们肯定会有很多问题。我会详细讨论数据，然后谈后续步骤 | 大部分时间用于评述数据。要提醒受众，你之前具有哪些信息，你们现在又有哪些信息 | 给出信息收集方案。讨论焦点是什么信息能够解释结果，获取这些信息要靠哪些资源 |

制作人：艾伦·泰利奥（Allen Telio）。

- 291 -

# 反对是可以化解的

反驳为演示者带来了取信于受众的独特机会。如果你表现出当场理解并解决受众需求的能力，那就表明你思虑周全，从而提高你的分析的可信度。要预测你能否现场妥善作答，最重要的因素就是看你是否有备而来。任何把控受众的技法，都无法替代周密准备以及对分析的深入理解。你可以问自己——或者同事，受众可能会有什么问题。要尽可能准备好回答每一个问题，掌握问题的答案。知道自己有能力回答哪些问题并且准备好答案，是决定受众如何评判你的分析的一个关键因素。

尽管回应的内容可能是决定受众反应的最重要因素，但它并非唯一因素。第七章讲过，人倾向于用情感评判替代理性评判。这意味着，如果你在受众压力下感到不安，受众可能会认为这代表你对自己的分析成果不自信。无论你是否真的自信，都要尽量投射出自信，以便让受众将焦点放在数据上。

当你感觉受众质问的对象从数据变成了你，请深吸一口气，尝试用下列策略来将受众注意力引回数据。

## （永远）不要有防备心理

人觉得自己遭受攻击，就会产生防备心。要避免防备心，就要放下头脑和身体传来的强烈信号，即受众的提问是威胁。出发点应该是受众心怀善意，只是想要澄清内容，哪怕他们的语气听起来不像。你只要这样想和回应，受众就真的会成为这样。

尽管如此，哪怕受众没有抨击你的意图，但你内心还是会强烈地感到情况不妙。试着去关注自己的身体感受，将吞没一切的恐惧拆分成若干独立体感的组合。常见的反应有出汗、心跳加速、呼吸急促、发抖乃至恶心。

你可以在内心重构这些体征。提醒你自己，焦虑是正常的体征，并不代表受众的感觉，而只是表明你在意自己的成果和受众对其的看法。这些紧张反应是身体对重要场合的正常反应。大部分人在参加重大比赛或演出前都会有类似的感受。同理，你要告诉自己，这些体征是身体帮助你做好演出准备的手段。

## 承认受众的情绪

面对带有敌意的质问，要说明并承认话语背后的情绪，从而将受众拉回到事实上。回应前可以先说"我明白，信息不够清晰会让人感到懊恼"，或者"我听出了你对此感到愤怒"。这样一来，你就承认了没有言明的情绪，然后转入就事论事的理性解释，说明这个问题为什么不够清晰。为了达到效果，你必须正确识别并说明背后的情绪。不要被这道障碍吓倒。学会情绪识别是一项需要练习的技能。

当情绪是相互的时候，你可以与受众建立连接。如果发现的结果让受众感到惊讶或失望，你可以说，你也有同感。不要表达与受众冲突的情绪，比如提问让你心生挫败。

# 提醒受众当初知道的情况

许多质问的动力都来自知识的诅咒。知道了我们现在知道的事情，之前的决策就会显得很蠢。受众会想知道，是哪一群傻瓜做出了这么蠢的选择。他们想要谴责——当然是这样——往往就是他们自己。面对富有挑战性和不确定性的世界带来的挫败感，受众的一种常用调节手段就是向沟通者提出不可能达到的要求：预测未来，消除不确定性，在一片噪声中找到信号。

要假定没有人记得当下之前的任何心理状态，而且忘掉了先前的决定是在不具备现有知识的情况下做出的。只要有必要，就要提醒大家他们当时掌握的信息是什么，并解释之前的决定是如何从当时的背景中得出的。当受众将关注点放在数据上——而不是像"你漏掉了什么？"情境中那样聚焦于你的决策过程——你可以推断数据对未来的启示，但要说明哪些是确定的，哪些是不确定的，哪些是可知的，哪些是不可知的。[1]

不要为之前的错误判断开脱，而要聚焦于新数据如何改变了你的认知，让我们能在未来做出更好的决策。如果你做了充分准备，知道你应该知道的事情，那受众就会——不情愿地——承认，有些事情是当时无从得知的，有些事情是当下依然未知的，还有些事情是永远不可能知道的。

---

[1] 讲解之前，你可以先提醒受众："任何人都无法预知未来，但我认为，从数据来看……"

## 讲解数据变化对决策变化的影响

在商业语境中，数据是为了指导决策。为了化解针对你的分析的质疑，要将受众的关注点拉回到他们需要做出的决策上，向他们展示改变决策需要获得相当离谱的数据，或者做出不切实际的预设。你会发现，大部分数据的误差区间都很大，必须有重大变动才能改变对应的决策。

例如，假如你分析了四种客户关系管理（CRM）软件的安装和运营总成本。目标是根据软件安装和运营总成本，决定邀请哪家厂商做现场演示。如果有人质疑你对于选择最低支持成本厂商的预设，你可以解释说，支持成本必须有多大变化才能影响排序。如果就算支持成本乘以十，成本排序依然不会有变化，那么受众大概就会同意你的看法，即提高这一预设的准确度效益不大，不值得深入调研投入的时间。

不同决策适用的标准不同。如果你的分析表明，客户关系管理系统需要扩大内部支持团队，那受众可能就需要更确切的支持成本数据，因为这会影响到增员。预设会显著影响经理需要聘用——或开除——的人数，需要做更准确的估计。区别就在于数据会影响到什么决策。

为此，你必须明白你的分析与受众需要做出的决策有何关联。这是很高的标准，但也是一种最佳实践，能帮助你将沟通聚焦于最重要的那个问题，"他们从中能获得什么"。

要实时应对这些质问，你必须理解自己的分析，用逻辑清晰的结构给出分析结果，有时还要快速盘算受众的心理。虽然这些技巧可以化解大部分质问，但也表明了哪些方面还需要做更多工作。面对不影响结果的质问，你要奋力维护自己的分析，同时也要承认合理的额外必要研究。这可以向受众展示你的智慧。

你必须通过大量实践和清晰认知，才能掌握实时敏锐洞察的本领，但这是一项强大的技能。对任何领域的领导者来说，明白哪些信息对决策有重要意义都是一项关键技能。抓重点既能加快决策速度，又能让你聚焦于最重要的问题。领导者要做出的所有决策都需要速度与力度的结合。

## 本章关键概念

不要看到受众不提出反对，就误以为他们认可你的结论。反对代表受众在意，你可以借助这个独特机会来提高你的可信度，夯实你的分析。具体内容见表9.2。

表9.2  化解反对自查表

| 你有没有 | 检验应对受众反应的预案 |
| --- | --- |
| 发现实质性变化？ | ● 你有没有将全部数值转化为比率，观察是否存在实质性变化？ |
| 发现受众的预期？ | ● 你有没有找到潜在受众的成员，询问他们有何预期？ |

第九章　准备回应反对意见：因为反对意味着重视

续　表

| 你有没有 | 检验应对受众反应的预案 |
| --- | --- |
| 发现自己处于受众混淆矩阵的哪个象限？ | ● 你有没有提前打招呼（如果有必要的话）？<br>● 你有没有确定如何铺垫沟通？<br>● 你介绍分析时是否简繁适度？<br>● 你有没有给出适当的后续步骤？ |
| 发现受众可能提出的问题与你可能给出的回答？ | ● 你知道自己应该预计到需要回答哪些问题吗？<br>● 你考虑过受众可能的情绪状态吗？<br>● 你能否识别出代表防备心的体征，以便加以控制？<br>● 你是否清楚当初做出决策或进行分析时的知识背景？<br>● 你是否知道受众需要做出什么决定，以便确定哪些因素会影响决策？ |

## 就算别的都记不住……

反对意味着重视。能确认受众认真听的方法不多，这就是其中一种。

任何把控受众的技法，都无法替代周密准备以及对分析的深入理解。

出发点应该是受众心怀善意，只是想要澄清内容，哪怕他们的语气听起来不像。

## 📖 习题：这属于哪一种场景？

下面的表 9.3 给出了四个向公司高管团队做汇报的情形。你对直属上司打过招呼了，但没有时间与其他参会者提前沟通。你假定，除了你的上司以外，会上的其他人都是第一次听到你讲的内容。针对每种情形，你要完成以下三件事：

1. **确定你属于四种场景中的哪一种**。利用这一点来指导你的回应。
2. **写出讨论铺垫**。
3. **提出后续步骤**。高管团队希望送到自己这个级别面前的汇报都要包含后续步骤，它的作用是启发讨论。你提出的后续步骤不需要尽善尽美，只需要能辅助高管思考行动方略即可。

表 9.3 习题

**情形描述**

我们最大的两家竞争对手突然宣布合并,并未变动。我们几乎所有的客户至少也是两家对手之一的客户。两家公司都有大量的产品线,与我们的产品有部分重叠,但也有很多不重叠的部分。公告称,两家公司的销售和行政部门会合并。

**所属场景**

|  | 受众预期 | |
|---|---|---|
|  | 无(比率)变化 | 有(比率)变化 |
| **数据观测 有(比率)变化** | **刚才发生什么?**<br>预期无变化<br>观测有变化 | **我们现在要做什么?**<br>预期有变化<br>观测有变化 |
| **数据观测 无(比率)变化** | **然后呢?**<br>预期无变化<br>观测无变化 | **你漏掉了什么?**<br>预期有变化<br>观测无变化 |

(X 标记在"刚才发生什么?"象限)

**说明你的理由。**

两家公司突然宣布合并,意味着很可能是意外变化。如果合并顺利的话,新公司的竞争力会发生变动。

续 表

| 讨论铺垫 | 后续步骤 |
|---|---|
| 这次合并我让我所有人都措手不及。令人担忧的是，合并后的公司将与我们的几乎所有客户都有业务关系，产品线也更加丰富了。但是，我们对其计划还知之不多。今天，我会依次考察所有既是我们的客户，也是两家对手之一的客户的公司，并说明最可能威胁到我们与哪些客户的关系 | ● 向销售团队介绍情况；<br>● 准备好回答客户可能提出的问题<br>● 与风险最大的客户沟通，评估风险程度，打探新对手对他们有何表示；<br>● 制定一套框架流程，汇总客户沟通取得的信息；<br>● 筹划之后再开一次会，审议新信息，调整经营计划。<br><br>思考如何给讨论做铺垫，并提出后续步骤。 |

续 表

| 情形描述 | 所属场景 |
|---|---|
| 你就职于一家网站，公司新推出了一项全国营销活动，带动销售额49.6万美元，成本10万美元。之前的试点活动花费5000美元，带动销售额25000美元 | 受众预期<br><br>|  | 无（比率）变化 | 有（比率）变化 |<br>|---|---|---|<br>| 数据观测 无（比率）变化 | **然后呢？**<br>预期无变化<br>观测无变化 | **你漏掉了什么？**<br>预期无变化<br>观测无变化 |<br>| 数据观测 有（比率）变化 | **刚才发生什么了？**<br>预期无变化<br>观测有变化 | **我们现在要做什么？**<br>预期有变化<br>观测有变化 | |

讨论铺垫 | 后续步骤

续表

| 所属场景 | 情形描述 |
|---|---|
|  | 去年，你所在的公司从你的母校招聘了三名员工，省去了直招的精力和金钱成本。今年，公司第一次联系校就业办公室，开展大规模校招。校招费用占招聘团队全年预算的近10%，成果是招到了四名新员工 |

受众预期

|  | 无（比率）变化 | 有（比率）变化 |
|---|---|---|
| **有（比率）变化**<br>数据观测 | **刚才发生什么了？**<br>预期无变化<br>观测有变化 | **我们现在要做什么？**<br>预期有变化<br>观测有变化 |
| **无（比率）变化** | **然后呢？**<br>预期无变化<br>观测无变化 | **你漏掉了什么？**<br>预期有变化<br>观测无变化 |

讨论铺垫

后续步骤

续表

| 所属场景 | |
|---|---|
| | 受众预期 |

|  | 无（比率）变化 | 有（比率）变化 |
|---|---|---|
| 数据观测 有（比率）变化 | **刚才发生什么了？**<br>预期无变化<br>观测有变化 | **我们现在要做什么？**<br>预期有变化<br>观测有变化 |
| 数据观测 无（比率）变化 | **然后呢？**<br>预期无变化<br>观测无变化 | **你漏掉了什么？**<br>预期有变化<br>观测无变化 |

情形描述

你所在公司的业务是向利益团体出售软件，用于追踪各州立法情况，提高游说效率。与意料中一样，公司业务量最大的州的上下两院和州长刚刚由一党掌控。在这三个机关一党掌控时，通过法案的数量会显著增多

后续步骤

讨论铺垫

续表

| 情形描述 | 所属场景 |
|---|---|
| 你的团队预测，由于市场有新公司加入，mauxite——你所在公司产品的关键原材料（译注：出自电子游戏《13号空间站》）——需求量会增加，进而涨价。基于你的分析，公司斥巨资囤积mauxite。由于彼此关系经营不善，两家新公司破产，mauxite价格暴跌，预计数年内不会修复 | 受众预期<br><br>无（比率）变化　　　　有（比率）变化<br><br>**然后呢？**　　　　**你漏掉了什么？**<br>预期无变化　　　　预期有变化<br>观测无变化　　　　观测无变化<br><br>**刚才发生什么了？**　**我们现在要做什么？**<br>预期无变化　　　　预期有变化<br>观测有变化　　　　观测有变化<br><br>数据观测：无（比率）变化／有（比率）变化 |

讨论铺垫　　　后续步骤

# 致 谢

在现实意义上,你刚刚读完的是一本教科书,但就写作体验而言,我在一定程度上有写回忆录的感觉。本书中的每一个想法都是我亲自学到的教训,其中很多都受惠于这里要感谢的人士。我与他们一同学习,也向他们学习。他们一直在帮助我理解世界,我感激不尽。

与所有人一样,我稳稳站在他人的肩膀上。本书受惠于很多人的思想与著作,但受到以下人士的帮助尤其大:南希·杜阿尔特、斯蒂芬·菲尤、芭芭拉·明托、玛丽·蒙特和科尔·努斯鲍默·纳福利克。

麻省理工学院斯隆管理学院的同学们激励着我,为我的工作日赋予了意义。他们对本书习题和演示文稿的贡献不亚于我自己。我要感谢我的助教和测试者:雨果·科鲁齐(Hugues Coruzzi)、梅塔尔·哈斯(Meital Haas)、尼古拉斯·贾德森(Nicholas Judson)、詹妮弗·连(Jennifer Lien)、罗克珊·莫斯莱希（Roxanne Moslehi）、阿南雅·穆卡维利（Ananya Mukkavilli）、莫莉·斯佩克特（Molly Spector）、妮可·斯图兹（Nicole Stutz）和苏菲亚·邢（Sohpia Xing）。我要特别感谢拉德希卡·布林克普夫（Radhika Brinkopf）和费伊·程（Faye Cheng），她们两位是参与本书初稿试用课堂的助教。

本书制作团队为我提供了个人和专业两方面的支持。感谢迪伦·吉拉德（Dylan Girard）、普里塔·曼加涅洛（Prita Manganiello）、诺埃尔·麦克拉纳汉（Noelle McClanahan）、乔·莱利（Joe Riley）和 Cannytrophic Design 的各位同人，你们保护着我的心智、身体、灵魂，也确保我能够按时完成任务。感谢泰德·古普（Ted Gup）和汉娜·英格兰（Hannah England）为我提供的多处住所，正因为有你们，我在缅因森林深处的浪漫写作梦想才能成真。

感谢本书的设计和编辑团队，你们应该被视为本书的合著者。朱迪斯·费尔德曼（Judith Feldmann）、坎迪斯·霍普（Candace Hope）、凯蒂·卡什基特（Katie Kashkett）、伊丽莎白·莫兰（Elizabeth Moran）和艾米丽·泰伯（Emily Taber）都是业内顶尖人才。

我每天都能向世界级教师学习，这是珍贵的馈赠。感谢尼娜·伯格（Nina Birger）、卡拉·布莱克本（Kara Blackburn）、洛里·布雷斯洛（Lori Breslow）、克里斯·卡伦（Chris Cullen）、尼尔·哈特曼（Neal Hartman）、弗吉尼亚·希利-唐尼（Virginia Healy-Tangney）、阿瑞提·梅赫罗特拉（Arathi Mehrotra）、罗伯塔·皮托雷（Roberta Pittore）、梅丽莎·韦伯斯特（Melissa Webster）和乔安妮·耶茨。感谢本·希尔兹（Ben Shields），你教会我课堂组织，还与我合上了第一次开的《沟通与数据》课程。艾伦·泰利奥（Alan Telio），你的洞见完善了课程、这本书和我的职业路径——谢谢你。克里斯汀·凯利（Christine Kelly），如果没有你，我不会获得这份工作，也不会享受与你的友情。两者有其一，已是人间幸事。

亚历克斯、安迪、博比、吉姆、约翰、马特和威尔——当年R St. 的孩子们如今已经成人——我与你们一同长大。蔡斯、约翰、迈克和斯蒂芬，你们在那里生活的时间还要更久。我很感谢你们还在身边，见证世事变迁。

感谢伊丽莎白，是你说服我投身教职；感谢梅丽莎，如果没有你，我就不会动笔写这本书；感谢蕾妮，如果没有你，我不可能写完这本书。

感谢审阅过本书各个部分的各位，你们的建议对本书起到了无可计量的提升作用：阿瑞提·梅赫罗特拉（Arathi Mehrotra）、芭芭拉·明托、玛丽·蒙特（Mary Munter）、迈克尔·纽曼（Michael Newman）、皮拉尔·奥帕索（Pilar Opazo）、杰克·沙利文（Jack Sullivan）和安·福里斯特·韦斯特（Ann Forest West）。

汤姆·罗斯（Tom Rose），十余年来，你一直是我的商业和思想伙伴。我记不得哪个想法是属于谁的了。我很高兴无须为此挂怀。

诺亚·弗里曼（Noah Freeman），你与我相识二十余年，帮助我打磨本书的思想，读完了初稿的每一个字，然后又调整了半本书的次序。我打这句话就是在你借给我的公寓里。你真的是一个了不起的朋友。

最后，我要感谢赋予我生命的父母和支持我的全体家人。JJ和安德鲁，你们将斯泰茜、贝卡、以斯拉、佐伊、阿比、阿舍、扎克和哈达莎带入了我的生活。本书是献给你们的。有了你们，未来显得比过去更加灿烂。

# 参考文献

Anscombe, F. J. "Graphs in Statistical Analysis." *American Statistician* 27 (Feb 1973): 17–21.

Ariely, Daniel. *Predictably Irrational*. Harper, 2009.

Berinato, Scott. *Good Charts: The HBR Guide to Making Smarter, More Persuasive Data Visualizations*. Harvard Business Review Press, 2016.

Cairo, Alberto. *The Truthful Art: Data, Charts, and Maps for Communication*. New Riders, 2016.

Cialdini, Robert. *Influence: The Psychology of Persuasion*. Rev. ed. Harper Business, 2006.

"Conceptual Parallelism." Sloan Communication Program Teaching Note. Unpublished teaching note. N.d.

Corbett, Edward P. J., and Robert J. Connors. *Classical Rhetoric for the Modern Student*. 4th ed. Oxford University Press, 1999.

Duarte, Nancy. *DataStory: Explain Data and Inspire Action Through Story*. O'Reilly Media, 2019.

Duarte, Nancy. *Slide:ology: The Art and Science of Creating Great Presentations*. O'Reilly Media, 2008.

Evergreen, Stephanie D. H. *Effective Data Visualization: The Right Chart for the Right Data*. Sage Publications, 2017.

Few, Stephen. *Now You See It: Simple Visualization Techniques for Quantitative Analysis*. Analytics Press, 2009.

Few, Stephen. *Show Me the Numbers: Designing Tables and Graphs to Enlighten*. 2nd ed. Analytics Press, 2012.

French, J. R. P., Jr., and B. Raven. "The Bases of Social Power." In *Studies in Social Power*, edited by Dorwin Cartright, 150–167. Institute for Social Research, 1959.

Heath, Chip, and Dan Heath. *Made to Stick: Why Some Ideas Survive and Others Die*. Random House, 2007.

Kahneman, Daniel. *Thinking, Fast and Slow*. Farrar, Straus and Giroux, 2015.

Kazakoff, Miro, and Robin Ganek. "The Audience Confusion Matrix." Lecture, Massachusetts Institute of Technology Course 15.276: Communicating with Data. Spring 2017.

Knaflic, Cole Nussbaumer. *Storytelling with Data: A Data Visualization Guide for Business Professionals*. John Wiley & Sons, 2015.

Kosara, Robert. "An Illustrated Tour of the Pie Chart Study Results." Accessed August 11, 2020. https://eagereyes.org/blog/2016/an-illustrated-tour-of-the-pie-chart-study-results.

Kotter, John P. *Power and Influence: Beyond Formal Authority*. Free Press, 1985.

Minto, Barbara. *The Pyramid Principle: Logic in Writing and Thinking*. 3rd ed. Financial Times Prentice Hall, 2010.

Munter, Mary, and Lynn Hamilton. *Guide to Managerial Communication: Effective Business Writing and Speaking*. 10th ed. Pearson, 2014.

Patterson, Kerry. *Crucial Conversations: Tools for Talking When Stakes Are High*. 2nd ed. McGraw-Hill, 2012.

Petty, R. E., and J. T. Cacioppo. "The Elaboration Likelihood Model of Persuasion." In *Communication and Persuasion*. Springer Series in Social Psychology. Springer, 1986.

Russell, Lynn, and Mary Munter. *Guide to Presentations*. 4th ed. Pearson, 2014.

Shah, A. K., and D. M. Oppenheimer. "Heuristics Made Easy: An Effort-Reduction Framework." *Psychological Bulletin* 134, no. 2 (2008): 207–222.

Thaler, Richard, and Cass Sunstein. Nudge. Penguin Books, 2009.

Tufte, Edward R. *Beautiful Evidence*. Graphics Press, 2006.

Tufte, Edward R. *Envisioning Information*. Graphics Press, 1991.

Tufte, Edward R. *The Visual Display of Quantitative Information*. 2nd ed. Graphics Press, 2001.

Tufte, Edward R. *Visual Explanations: Images and Quantities, Evidence and Narrative*. Graphics Press, 2007.

Ware, Colin. *Information Visualization: Perception for Design*. Elsevier, 2004.

Wexler, Steve, Jeffrey Shaffer, and Andy Cotgreave. *The Big Book of Dashboards: Visualizing Your Data Using Real-World Business Scenarios*. John Wiley & Sons, 2017.

Yates, JoAnne et al. "Craigstone Corporation Case." Unpublished case study,

Massachusetts Institute of Technology Course 15.280: Communication for Leaders. N.d.

Zelazny, Gene. *Say It with Charts: The Executive's Guide to Successful Presentations*. 4th ed. McGraw-Hill, 2001.

Zelazny, Gene. *Say It with Presentations: How to Design and Deliver Successful Business Presentations*. Rev. ed. McGraw-Hill, 2006.

# "进阶书系"—— 授人以渔

在这个信息爆炸的时代,大学生在学习知识的同时,更应了解并练习知识的生产方法,要从知识的消费者成长为知识的生产者,以及使用者。而成为知识的生产者和创造性使用者,至少需要掌握三个方面的能力。

**思考的能力**:逻辑思考力,理解知识的内在机理;批判思考力,对已有的知识提出疑问。
**研究的能力**:对已有的知识、信息进行整理、分析,进而发现新的知识。
**写作的能力**:将发现的新知识清晰、准确地陈述出来,向社会传播。

但目前高等教育中较少涉及这三种能力的传授和训练。知识灌输乘着惯性从中学来到了大学。

有鉴于此,"进阶书系"围绕学习、思考、研究、写作等方面,不断推出解决大学生学习痛点、提高方法论水平的教育产品。读者可以通过图书、电子书、在线音视频课等方式,学习到更多的知识。

同时,我们还将持续与国外出版机构、大学、科研院所密切联系,将"进阶书系"中教材的后续版本、电子课件、复习资料、课堂答疑及时与使用教材的大学教师同步,以供授课参考。通过添加我们的官方微信"学姐领学"(微信号:unione_study)或者电话15313031008,留下您的联系方式和电子邮箱,便可以免费获得您使用的相关教材的国外最新资料。

我们将努力为以学术为志业者铺就一步一步登上塔顶的阶梯,帮助在学界之外努力向上的年轻人打牢解决实际问题的能力,成为行业翘楚。

| | |
|---|---|
| **品牌总监** | 刘 洋 |
| **特约编辑** | 刘倩影 何梦姣 |
| **营销编辑** | 王艺娜 |
| **封面设计** | 马 帅 |
| **内文制作** | 胡凤翼 |